FORSCHUNGSBERICHTE DES LANDES NORDRHEIN-WESTFALEN

Nr. 1353

Herausgegeben
im Auftrage des Ministerpräsidenten Dr. Franz Meyers
von Staatssekretär Professor Dr. h. c. Dr. E. h. Leo Brandt

DK 672.71 : 620.2

*Direktor Dipl.-Ing. Hans Stüdemann*
*Dr.-Ing. Fritz Esselborn*

*Forschungsinstitut an der Fachschule für*
*Metallgestaltung und Metalltechnik Solingen*

Untersuchungen über den Einfluß
unterschiedlicher Herstellungsverfahren
auf die Qualität rostbeständiger Messer

WESTDEUTSCHER VERLAG · KÖLN UND OPLADEN 1964

ISBN 978-3-663-06532-6    ISBN 978-3-663-07445-8 (eBook)
DOI 10.1007/978-3-663-07445-8

Verlags-Nr. 011353
© 1964 by Westdeutscher Verlag, Köln und Opladen
Gesamtherstellung: Westdeutscher Verlag

# Inhalt

I. Vorwort .................................................................. 7

II. Einleitung .............................................................. 8
    1. Aufgabenstellung ................................................ 8
    2. Grundlegende Betrachtungen ................................ 9

III. Herstellung der Messer ............................................ 11
    1. Probenmaterial .................................................. 11
    2. Fertigungsverfahren ............................................ 11

IV. Prüfung der Messer ................................................ 17
    1. Allgemeines ....................................................... 17
    2. Härteprüfungen .................................................. 18
    3. Korrosionsprüfungen ........................................... 18
        a) Prüfverfahren ................................................ 18
        b) Prüfergebnisse .............................................. 20
    4. Durchgeführte Untersuchungen über Schneideigenschaften ........ 23
        a) Die angewandten Verfahren ............................ 23
        b) Prüfungen und Ergebnisse .............................. 24
    5. Metallographische Untersuchungen ........................ 31
        a) Gefüge des Ausgangsmaterials ........................ 31
        b) Gefüge nach den verschiedenen Formgebungsverfahren ........ 31
        c) Gefüge der geglühten Teile vor der Vergütung ............... 38
        d) Gefüge nach der Härtung ................................ 39

V. Zusammenfassung .................................................. 43
    1. Ergebnisse ......................................................... 43
    2. Ausblick ........................................................... 44

VI. Literaturverzeichnis ................................................ 47

# I. Vorwort

Bei den im Forschungsinstitut an der Fachschule für Metallgestaltung und Metalltechnik durchgeführten Untersuchungen über den Einfluß unterschiedlicher Herstellungsverfahren mußten zur Qualitätsbeurteilung der Messer naturgemäß auch die Schneideigenschaften überprüft werden. Dadurch ergab sich zwangsläufig eine starke Ausweitung der Arbeit über das eigentliche Thema hinaus, da einmal die Einflüsse von Seiten der Prüfbedingungen, zum anderen aber auch die durch den Prüfling (die Klinge) selbst intensiv verfolgt werden mußten. Es handelt sich aber dabei um in sich abgeschlossene Problemkreise, die deshalb bereits in Heft 1140 und Heft 1352 dieser Schriftenreihe veröffentlicht wurden.

Außerdem ergab sich, über das gestellte Thema hinausgehend, eine weitere, ebenfalls in sich abgeschlossene Arbeit dadurch, daß die auf Grund der unterschiedlichen Herstellung bestehenden Gefügeunterschiede erst im Hinblick auf die Härtungsbehandlung bei Temperaturen im Überhitzungsgebiet spürbar werden. Auch diese für sich selbständige Arbeit soll demnächst gesondert im Rahmen dieser Schriftenreihe veröffentlicht werden.

Die Behandlung einer Reihe von Problemen dieser Forschungsarbeit wurde in einer Zusammenfassung von der Fakultät für Bergbau und Hüttenwesen der Rheinisch-Westfälischen Technischen Hochschule Aachen als Dissertation von F. ESSELBORN genehmigt. An dieser Stelle möchten wir auch Herrn Dr. phil. A. ROSE für die wissenschaftliche Betreuung der Dissertationsarbeit nochmals besonders danken.

Die Bearbeitung des metallographischen Teiles konnte durch einen engen Kontakt zum Max-Planck-Institut für Eisenforschung und die Benutzung dortiger Einrichtungen, soweit sie über den Rahmen der Einrichtungen des Solinger Institutes hinausgingen, erfolgen. Für diese Unterstützung haben sich dankenswerterweise Herr Professor Dr. phil. F. WEVER und Herr Professor Dr. phil.-habil. W. OELSEN sowie Herr Dr. ROSE besonders persönlich eingesetzt.

Den an dieser Arbeit durch Überlassung des Probenmaterials und die Herstellung der Messer beteiligten Firmen, besonders den leitenden Herren dieser Firmen, die sich uneigennützig für diese Aufgabe eingesetzt haben, sei auch an dieser Stelle nochmals gedankt.

## II. Einleitung

### 1. Aufgabenstellung

Das Messer stellt seit alters her eines der in größter Vielfältigkeit verwendeten Werkzeuge dar. In Haushalt, Handwerk und Industrie erfüllt es in sehr unterschiedlicher Form eine nicht übersehbare Zahl von Aufgaben.
Um rationell zu arbeiten, werden nun im allgemeinen die Werkzeuge allen den Versuchen unterworfen, die es gestatten, günstigste Materialzusammensetzung, wirtschaftlichste Arbeitsweise, beste Form und ähnliche optimale Einflußfaktoren zu ermitteln. Über Bohrer, Dreh- oder Hobelstähle, Sägen oder ähnliche Werkzeuge liegen Ergebnisse umfangreicher Untersuchungen vor. Über das Messer, wie es in Haushalt und Handwerk Verwendung findet, ist dagegen auf Grund von Untersuchungsergebnissen bisher kaum etwas Verbindliches ausgesagt worden. Interessant ist in diesem Zusammenhang ein Vergleich der 2. Auflage (1937 und 1944) mit der 3. Auflage (1953) des Werkstoffhandbuches Stahl und Eisen. Während in den entsprechenden Abschnitten E 41 und P 75 in der 2. Auflage noch etwas ausführlicher über eine Prüfung von Tafelmessern und dergleichen berichtet und als Literatur die Arbeit von HENDRICHS [1] angeführt wird, enthält die 3. Auflage nur noch einen ganz allgemeinen, sehr kurzen Hinweis ohne jegliche Literaturangabe.
So bestehen über zweckmäßiges Herstellungsverfahren, Werkstoffauswahl und Gebrauchswert im wesentlichen nur Vermutungen, die oft beeinflußt sind durch mangelnde Sachkenntnis. Das Fehlen von Beweismöglichkeiten läßt dabei leicht widersprechende Behauptungen zu. Vollkommen subjektive Erfahrungen werden so häufig zu festgefügten Standpunkten, die die Verständigung zwischen Hersteller und Verbraucher oft sehr erschweren. Die Einführung des rostbeständigen Stahles mit seinen besonderen Werkstoffeigenschaften mag dabei in manchen Fällen noch zusätzliche Verwirrung gestiftet haben. Da die Einflußfaktoren, die sich auf die Qualität eines Messers auswirken, sehr vielgestaltig sind, soll mit der vorliegenden Arbeit zunächst versucht werden, zu klären, wie bei gegebener Zusammensetzung und Erschmelzung die verschiedenen Fertigungsverfahren sich auf die Eigenschaften der Messer auswirken.
Für die Fertigung von Messerklingen stehen heute vier Verfahren zur Verfügung, die sich durch die Art der Verformungsvorgänge grundsätzlich unterscheiden.

1. Die Klinge wird aus dem Vormaterial (Spaltstück) im Gesenk vorgeschlagen und dann auf einer Segmentwalze ausgewalzt.
2. Die Klinge wird aus dem Vormaterial (Spaltstück) im Gesenk vorgeschlagen und dann unter dem Breithammer ausgeschmiedet.

3. Die Klinge wird aus dem Vormaterial (Spaltstück) im Gesenk vor- und fertiggeschlagen.
4. Die Klinge wird aus gewalztem doppelkonischem Band ausgeschnitten.

In der Frage, ob diese unterschiedlichen Formgebungen von Einfluß auf die Qualität der Messerklingen, wie sie sich im praktischen Gebrauch ergibt, sind, gehen die Ansichten weit auseinander. Nach der üblichen Meinung wird häufig die unter dem Breithammer geschmiedete Klinge als die qualitativ beste angesehen und andererseits der aus doppelkonischem Band ausgeschnittenen Klinge mindere Qualität nachgesagt [2].

Nun stellt aber die wesentlich einfachere Fertigung der aus doppelkonischem Band ausgeschnittenen Klingen gegenüber den geschmiedeten einen bedeutenden Vorteil im Hinblick auf die wirtschaftliche Herstellung der Klingen dar. Insbesondere entfallen beachtliche Kosten durch den Fortfall der Warmverformungsvorgänge. Wenn auch hier das Aufsetzen eines sogenannten »unechten Kropfes« als Nachteil empfunden werden kann [2, 3], so darf nicht übersehen werden, daß vor allem bei der Vielzahl verschiedener Küchenmesser ein solcher Kropf nicht erforderlich ist. So gewinnt, im Hinblick auf wirtschaftliche Fertigung, die Frage nach der Qualitätsbeeinflussung durch die verschiedenen Herstellungsverfahren besonderes Interesse.


2. Grundlegende Betrachtungen

Die Haupteigenschaften eines Messers hängen von einer Vielzahl von Einflüssen ab. So werden die Schneideigenschaften durch Keilwinkel, Schartigkeit, Gratbildung, Klingendicke, Zusammensetzung des Stahles, Gefüge, Karbidverteilung u. a. bestimmt. Die Korrosionsbeständigkeit dagegen hängt wesentlich von der Zusammensetzung, dem Gefügezustand wie auch von der Oberflächenbeschaffenheit ab.

Alle diese Bedingungen sind daher, mit Ausnahme der Zusammensetzung, im Laufe der Herstellung durch die Ausführung der einzelnen Be- und Verarbeitungsvorgänge weitgehend beeinflußbar. In den allermeisten Fällen wird ein Konstanthalten dieser Einflüsse in der Praxis kaum möglich sein. Das ist darauf zurückzuführen, daß trotz der Massenfertigung der Messer jedes Messer bei den vielen einzelnen Bearbeitungsvorgängen eine, in gewissen Grenzen subjektiv beeinflußbare, Einzelfertigung darstellt.

Um einen Einfluß, den eventuell die verschiedenen Formgebungsverfahren auf die Eigenschaften der Messer ausüben, eindeutig aufzeigen zu können, müßten die anderen Einflußfaktoren konstant gehalten werden. Diese Bedingung läßt sich jedoch in der betrieblichen Fertigung nicht vollständig verwirklichen. Da andererseits aber die Untersuchungen eng an die Problemstellung der Praxis gebunden sein sollten, war die Frage dahingehend zu stellen, ob ein eventueller Einfluß durch die verschiedenen Formgebungsverfahren, über die unterschiedlichen Auswirkungen der anderen Einflußfaktoren hinaus, die im Betrieb nicht konstant zu halten sind, wirksam wird. So konnte in dieser Arbeit bewußt auf eine betriebliche Fertigung aufgebaut werden, da ja mit den durch die Herstellung bedingten Unterschieden in ihrer Einflußnahme auf die Qualität des Enderzeugnisses immer gerechnet werden muß. Selbstverständlich waren eine Reihe von Komponenten konstant zu halten, um schließlich nicht ein gänzlich verwirrendes, undeutbares Bild der Ergebnisse zu erhalten.

## III. Herstellung der Messer

### 1. Probenmaterial

Für die vorgesehenen Versuche war es vor allem zweckmäßig, das Ausgangsmaterial frei von unterschiedlichen Chargeneinflüssen zu halten. Das setzte voraus, daß das für die Verformungsarten 1–3 (II.1.) erforderliche Flachmaterial von 65×6,5 mm ebenso wie das doppelkonische Material 52×2 mm aus der gleichen Charge stammte.

Da in der Industrie neben dem gewalzten auch für besondere Verwendungszwecke geschmiedetes Flachmaterial Verwendung findet, wurde auch diese Variante mit in die Untersuchungen aufgenommen. Es standen also für die Arbeiten Vormaterialien aus der gleichen Charge in folgenden Abmessungen und Verarbeitungen zur Verfügung:

1. Flachmaterial 65×6,5 mm, aus einem gewalzten Knüppel (ca. 65 mm) in einer Hitze *geschmiedet*.
2. Flachmaterial 65×6,5 mm, aus einem gewalzten Knüppel (ca. 65 mm) in einer Hitze *gewalzt*.
3. Doppelkonisches Material 52×2 mm, in zwei Hitzen aus einem gewalzten Knüppel (ca. 65 mm) gewalzt.

Das Material hatte folgende chemische Zusammensetzung:

$C = 0,45\%$ $\quad\quad$ $Cr = 14,1\,\%$
$Si = 0,23\%$ $\quad\quad$ $Ni = 0,23\%$
$Mn = 0,32\%$

Diese Analyse entspricht dem unter der Werkstoffnummer 4034 gehandelten rostbeständigen Stahl.

### 2. Fertigungsverfahren

In Abb. 1 sind schematisch die einzelnen Fertigungsstufen aufgezeigt, nach denen im Rahmen dieser Arbeit Messerklingen hergestellt worden sind.

Aus dem Flachmaterial wurden im abfallosen Schnitt zunächst Rohlinge (sog. Spaltstücke) abgeschnitten. In Abb. 2 werden zwei Sorten solcher Spaltstücke in ihrer Lage im Flachmaterial gezeigt. Hierbei erhält man, bei gleichbleibendem Vorschub des Flachmaterials, ein Spaltstück, welches über seine Länge unterschiedliche Querschnitte (Materialmengen) aufweist, entsprechend der herzustellen-

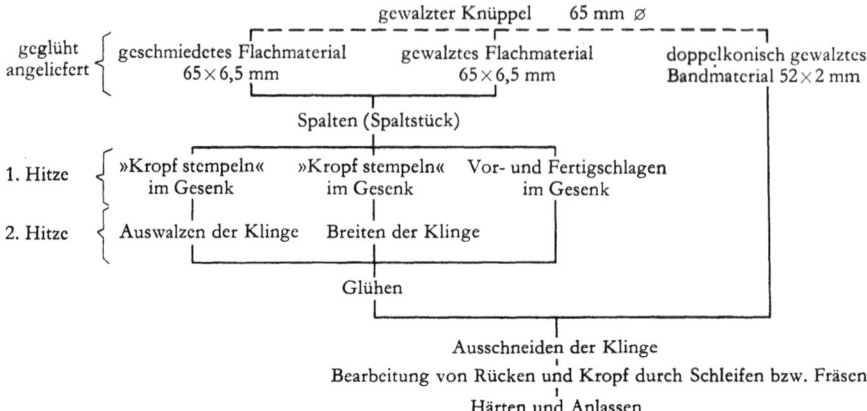

Abb. 1  Schematische Darstellung des Fertigungsablaufes nach den verschiedenen Verfahren

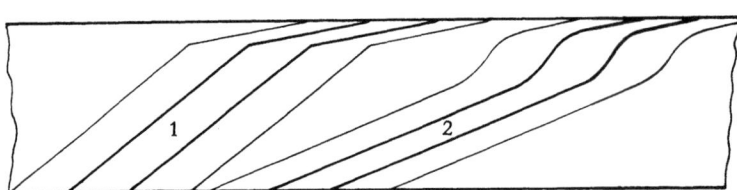

Abb. 2  Schematische Darstellung der Spaltstücke im Flachmaterial

den Klinge, die für den Kropf viel und für den Erl wenig Material benötigt. Dieses wird besonders bei dem Spaltstück 2 deutlich. Das Spaltstück 1 wird bei Klingen verwendet, die nur einen kleinen Kropf erhalten. Der Verformungsverhältnisse wegen wurde im Rahmen dieser Arbeit das Spaltstück 1 für die gewalzten Messer, das Spaltstück 2 für die gebreiteten und geschlagenen Messer verwendet.

Aus diesen Spaltstücken wurden nach den im folgenden näher beschriebenen Verfahren Messerklingen hergestellt. In Abb. 3 ist der Werdegang der gewalzten Klingen aufgezeigt. Von links beginnend, zeigt die Abbildung zunächst eines der Spaltstücke. Diese Spaltstücke wurden in einem gasbeheizten Kammerofen auf Verformungstemperatur erhitzt, wobei die Ofentemperatur (mit einem optischen Pyrometer gemessen) ca. 1200°C betrug. Nach etwa 2,5 min Aufheizzeit erfolgte die Verarbeitung bei ca. 1120°C. Unter einem Fallhammer wurden die Spaltstücke zuerst in einem Formgesenk gestaucht, wodurch das Stück gerichtet wird und der Zunder abplatzt. Nach einer Drehung um 90° wurde es im gleichen Gesenk mit zwei bis drei Schlägen verformt. Man bezeichnet diesen Vorgang als »Kropfstempeln«, weil hierbei Kropf und Erl ausgebildet werden. In Abb. 3 ist das Stauchstück in der gleichen Lage dargestellt wie die anderen Teile, d. h. das Stauchen erfolgte von der Seite her. Nach dem Kropfstempeln wurden die Teile

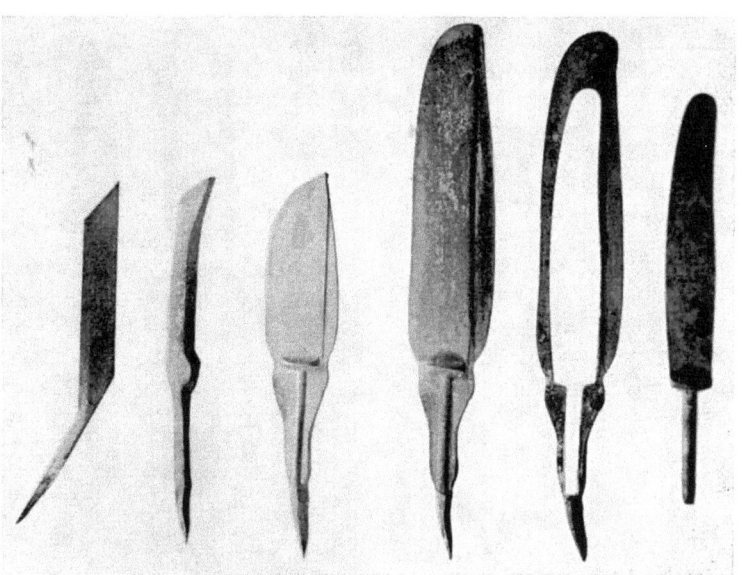

Abb. 3  Werdegang der gewalzten Klingen

an Luft abgekühlt. Zur weiteren Verarbeitung erhitzte man die Teile erneut in einem gasbeheizten Kammerofen und beließ sie bei einer Ofentemperatur von ca. 1170°C ca. 2 min im Ofen. Auf einer Segmentwalze wurden die Klingen dann in Längsrichtung ausgewalzt (Abb. 3, 4. Teil von links).
Die Abb. 4 zeigt den Werdegang eines gebreiteten Messers. Vom Spaltstück 2 ausgehend, ist auch hier zunächst unter dem Fallhammer ein Stauchen und Kropfstempeln erfolgt. Die Spaltstücke wurden dazu bei einer Ofentemperatur von ca. 1200°C ca. 2,5 min in einem gasbeheizten Kammerofen erhitzt. Die vorgeschmiedeten Teile hat man dann dem Breiten zugeführt. Die dazu erforderliche Erwärmung auf Schmiedetemperatur erfolgte in einem Kammerofen, der durch die Flamme eines Koksfeuers beheizt wurde. Bei einer Ofentemperatur von ca. 1200°C hat auch hier die Aufheizzeit ca 2,5 min betragen. Das Breiten geschah unter einem sogenannten Breithammer. Der Breithammer ist ein Federhammer mit einer Schlagfolge von ca. 360/min. Die Arbeitsflächen von Bär und Schabotte stehen schief zueinander. Dadurch wird bei der Verformung den geometrischen Verhältnissen der Klinge, die eine doppelte Konizität aufweist, Rechnung getragen. Das Breiten einer Klinge ist innerhalb von ungefähr 7 sec, d. h. mit etwa 40 Schlägen beendet. Das Material kühlt sich dabei verhältnismäßig rasch ab.
Der Werdegang der im Gesenk geschlagenen Klingen ist in Abb. 5 wiedergegeben. Auch hierbei wurde das Spaltstück 2 gewählt, das in einem gasbeheizten Kammerofen bei einer Ofentemperatur von ca. 1170°C in 2 min aufgeheizt wurde. Nach dem Stauchen erfolgte die weitere Formgebung unter dem gleichen Hammer in den beiden Hohlformen des Gesenkes (Vorschlagen–Fertigschlagen, s. Abb. 1).

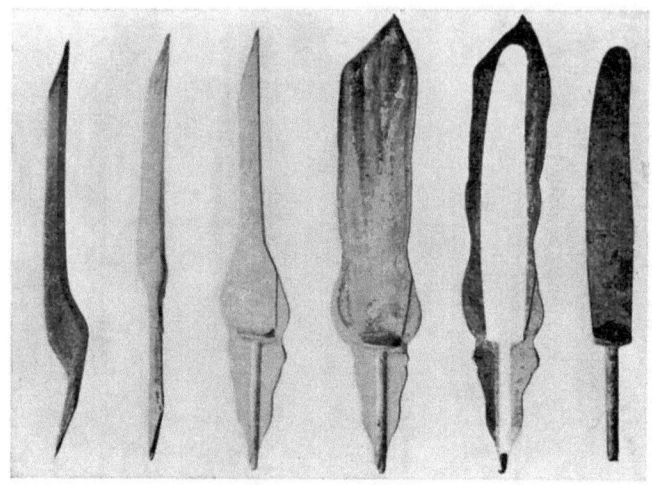

Abb. 4  Werdegang der gebreiteten Klingen

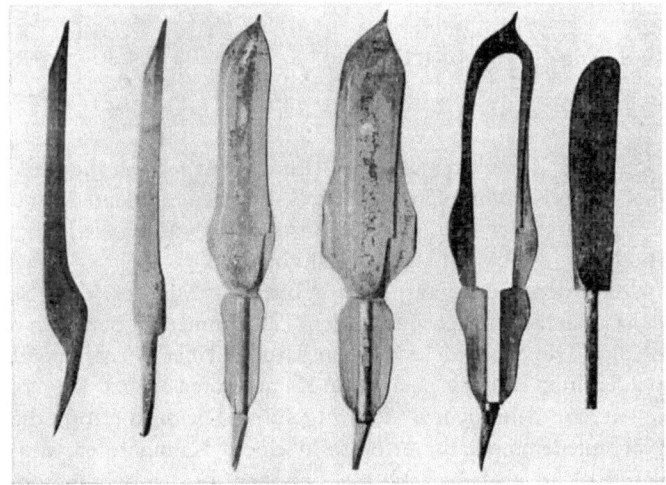

Abb. 5  Werdegang der geschlagenen Klingen

Produktionsbedingt konnten nach diesem Verfahren nur Klingen mit Keilkropf gefertigt werden.
Es sei schon hier darauf hingewiesen, daß ein großer Teil der geschlagenen Messer durch ein Versehen bei der im Betrieb vorgenommenen Fertigung verlorengingen, so daß nur einzelne, vorher aus dem Fertigungsgang entnommene Proben dieser Herstellungsart für weitere Untersuchungen zur Verfügung standen.
Die drei aufgeführten Verfahren unterscheiden sich in wesentlichen Punkten voneinander. Während nach Verfahren 2 und 3 ein Breiten der Klingen vorgenommen wird, handelt es sich bei Verfahren 1 um ein Längen. Die Formgebung bei den

Verfahren 1 und 2 erfolgte in zwei Hitzen, die nach dem Verfahren 3 nur in einer Hitze.

Die zur Erwärmung des Materials dienenden Kammeröfen waren nicht mit Temperaturmeß- und regeleinrichtungen ausgestattet. Für die Einstellung der für das Material erforderlichen Temperatur richtet man sich vor allem nach dem Verformungsvorgang selbst, d. h., daß das Fließen des Materials den gegebenen Verformungsbedingungen gerade angepaßt ist. Größere Temperaturschwankungen konnten außerdem über die sich dabei ändernde Glühfarbe erkannt werden. Diese Arbeitsbedingungen sind auch bei der vorliegenden Arbeit beibehalten und, wie oben erwähnt, durch die Messung der Temperaturen und Aufheizzeiten verfolgt worden. Man mag daraus aber ersehen, in wie starkem Maße bereits hierbei Unterschiede in der Verarbeitung auftreten können. Wieweit diese Einflüsse sich allerdings auf die Qualität des Enderzeugnisses auswirken, muß an anderer Stelle geklärt werden. Es besteht durchaus die Möglichkeit, daß durch die sich anschließende Glühung diese Unterschiede weitgehend wieder ausgeglichen werden.

Eine Glühung der Teile nach den Verformungsarbeiten mußte erfolgen, da es sich bei dem vorliegenden Material um einen Lufthärter handelt. Für die mechanische Bearbeitung, die anschließend erfolgt, war es daher notwendig, die Teile weichzuglühen. Sämtliche nach den verschiedenen Verfahren hergestellten Klingen wurden gleichzeitig in einem Widerstandsofen geglüht. Die Glühung erfolgte nach ca. 3 Stunden Aufheizzeit über 5 Stunden bei 830°C. Anschließend wurden die Teile im Ofen abgekühlt mit einer Abkühldauer von ca. 15 Stunden bis auf rd. 400°C. Dieselben Glühungen werden bei dem ausführenden Betrieb im normalen Produktionsablauf unter gleichen Bedingungen durchgeführt.

Aus den geglühten Teilen wurden dann die Klingen in der Art, wie es die Abb. 3–5 jeweils in ihren beiden rechten Teilen zeigen, ausgeschnitten. Diese Klingen haben dann, ebenso wie weitere Klingen aus doppelkonischem Bandstahl, den weiteren Herstellungsgang gemeinsam durchlaufen.

In der weiteren Bearbeitung wurde an den Klingen der Kropf gefräst und der Rücken geschliffen. Für die Härtung der Messer stand ein elektrisch beheizter 4-Kammer-Muffelofen zur Verfügung, in dem die Klingen ca. 15 min bei einer automatisch geregelten Temperatur von 1050°C erhitzt und auf Temperatur gehalten wurden. Die Härtung erfolgte unter Benutzung einer Spezialspannvorrichtung im Gebläsewind. Das Anlassen wurde über 30 min bei einer Temperatur von 200°C vorgenommen. Auch diese Arbeitsvorgänge entsprechen der in dem verarbeitenden Betrieb üblicherweise vorgenommenen und allgemein als günstig anzusehenden Wärmebehandlung derartiger Messer [4].

Es muß an dieser Stelle bereits darauf hingewiesen werden, daß die beschriebenen und durchgeführten Härtungen in gewissen Grenzen Unterschiede aufwiesen. Dabei ist folgendes zu beachten: Jede der vier Kammern des Ofens wird nacheinander mit Härtegut (hier Klingen) gefüllt und dann geschlossen. Anschließend werden die erwärmten Klingen aus der zuerst gefüllten Kammer entnommen, und zwar nacheinander, um einzeln in die Abkühlvorrichtung eingelegt zu werden. Das bedeutet, daß die letzte Klinge, die aus der jeweiligen Kammer entnommen wird, etwas länger im Ofen bleibt, da die Füllung nicht durch einzelne Aufgabe, sondern durch fast gleichzeitiges Einlegen aller Klingen erfolgt, sobald die letzte Klinge der vorherigen Füllung entnommen ist. Weiterhin wird bei Beginn der Entnahme der Klingen durch das Öffnen der Kammertür ein Temperaturabfall in der Kammer auf Grund des Kaltlufteintrittes erfolgen. Außerdem sind bei einer solchen Arbeitsweise noch andere Einflüsse von Bedeutung. So ist ganz besonders die Haltezeit niemals gleichmäßig. Wie stark sich diese Einflüsse bei der Härtung geltend machen, wird an anderer Stelle noch aufgezeigt.

Im Anschluß an die Vergütung wurden die Klingen in der üblichen Weise durch Schleifen und Pließten oberflächenbearbeitet. Für diese Bearbeitung fanden die in diesem Betrieb für den größten Teil der Produktion benutzten, automatischen oder halbautomatischen Schleif- und Pließtmaschinen Verwendung. Diese Automaten ermöglichen es allerdings nicht, entgegen der anfänglichen Annahme, ein in den Abmessungen gleichmäßiges Erzeugnis zu erhalten. Mit den benutzten automatischen Schleifmaschinen konnte lediglich das Messer selbständig an dem Schleifkörper vorbeigeführt werden. Dabei wurden keineswegs irgendwelche von der Herstellung her bereits vorhandene Dickenunterschiede ausgeglichen. Außerdem unterlag die Einstellung des Anpreßdruckes der Willkür des Arbeiters. Bei anderen halbautomatischen Maschinen wird sogar die Durchführung des Messers durch die Schleifvorrichtung von Hand vorgenommen. Die Einstellung der Führungsrollen, der Anpreßdruck und die Geschwindigkeit, mit der das Messer durch die Schleifkörper geführt wird, unterliegen dabei ständig subjektiven Einflüssen.

Auf weitere Bearbeitungen der Messer, die anschließend noch vorgenommen wurden, wird noch an entsprechender Stelle eingegangen werden.

## IV. Prüfung der Messer

### 1. Allgemeines

Die in oben beschriebener Weise nach unterschiedlichen Herstellungsverfahren gefertigten Messer sollten nun nach verschiedenen Richtungen überprüft werden, um die Frage nach dem Einfluß dieser Verfahren auf die Qualität des Enderzeugnisses klären zu können. Dabei ist es natürlich für die Praxis in erster Linie wichtig, zu wissen, ob sich in größerem Maße Einwirkungen auf die Schneideigenschaften und die Korrosionsbeständigkeit ergeben. So sind selbstverständlich gerade in dieser Richtung zahlreiche Prüfungen durchgeführt worden. Vorab waren jedoch umfangreiche Untersuchungen mit den zur Verfügung stehenden Prüfgeräten zur Bestimmung der Schneideigenschaften durchzuführen. Neben der Festlegung geeigneter Prüfbedingungen war es außerdem erforderlich, den Einflüssen, die nicht durch das zu untersuchende unterschiedliche Herstellungsverfahren bedingt sind, nachzugehen, um sie entweder auszuschalten oder sie konstant halten zu können. Da bei den in dieser Arbeit durchzuführenden Untersuchungen bewußt zunächst die Klingen rein fabrikatorisch gefertigt wurden und dadurch natürlich zahlreiche zusätzliche Einflüsse auftreten konnten (und auch auftraten), mußte der Umfang ihrer Einwirkung wenigstens größenordnungsmäßig erfaßt werden. Die Ergebnisse sollen in der vorliegenden Arbeit nur soweit, als es zur Erklärung verschiedener Ausführungen unbedingt erforderlich ist, mitgeteilt werden. Eine ausführliche Berichterstattung über diese Untersuchungen ist bereits zu einem früheren Zeitpunkt erfolgt [5, 6]. Neben der Feststellung der Schneideigenschaften und der Korrosionsbeständigkeit ist außerdem die Härte der Messer geprüft worden. Darüber hinaus wurde durch metallographische Untersuchungen laufend der Herstellungsgang verfolgt.

Einige interessante Erscheinungen wurden im Rahmen dieser Prüfungen festgestellt und durch andere Untersuchungsmethoden zu klären versucht. Es handelt sich dabei allerdings um Effekte, die erst im Bereich der Überhitzung der Stähle beim Härten wirksam werden. Die vorliegende Arbeit ist jedoch in der Hauptsache auf die Belange der Praxis abgestellt, für die die Überhitzung nur ein – möglichst zu vermeidendes – Übel darstellt. So erschien es sinnvoll, die recht umfangreichen Untersuchungen zur Klärung der dabei aufgetretenen Fragen aus dieser Arbeit herauszunehmen und einer gesonderten Berichterstattung zu überlassen [7].

## 2. Härteprüfungen

Die für den Betrieb ohne großen Aufwand mögliche und einfach durchzuführende Qualitätskontrolle, die zu zahlenmäßig abstufbaren Werten führt, ist die Härteprüfung. Für die gehärteten Messer spielt dabei in erster Linie das Härteprüfverfahren nach ROCKWELL eine Rolle. Dieser ROCKWELL-Prüfung wurden daher auch die vorliegenden Versuchsklingen unterworfen. Nach anfänglicher stichprobenweisen Einzelüberprüfung von Klingen hatte sich schon bald herausgestellt, daß bei der Härtung der Klingen im Betrieb Abweichungen bei der Durchführung aufgetreten sein müssen. Aus diesem Grunde wurde nunmehr die Härte an allen Klingen geprüft, und zwar an jeder Klinge vom Kropf zur Spitze hin mit jeweils rd. zehn Einzelprüfungen. Die Gesamtheit dieser Ergebnisse ist, nach den einzelnen Herstellungsgruppen getrennt, statistisch ausgewertet worden.
Wie aus Abb. 6 hervorgeht, zeigen sich hier geringfügige Unterscheidungen der einzelnen Gruppen. Insbesondere scheint eine Abhängigkeit von dem Vormaterial stärker in Erscheinung zu treten als ein Einfluß durch die nachfolgenden Warmverformungsvorgänge. Wenn auch rd. 80% der Härtewerte zwischen 55 und 57 RC lagen, so ist jedoch damit über die Gleichmäßigkeit der Wärmebehandlung noch nicht viel ausgesagt. Es stellte sich vielmehr in den weiteren Untersuchungen heraus, daß Unterschiede bei der Härtung (z. T. sogar recht starke Unterschiede) aufgetreten waren. Aus diesem Grunde wurden Versuchsmesser der verschiedenen Herstellungsverfahren, die nach der Glühbehandlung und dem Ausschneiden zunächst zurückbehalten waren, nunmehr besonders sorgfältig gehärtet. Die gleichzeitige Härtung dieser Klingen erfolgte nach einem Zwischenhalten von 20 min bei 850°C und einem Halten auf Härtetemperatur von 10 min bei 1050°C (Elektrodensalzbad). Das Ablöschen erfolgte in Öl. Die Härteprüfungen an diesen Messern ergaben übereinstimmend Härtewerte zwischen 59 und 60 RC. Die Werte beziehen sich dabei auf den nicht angelassenen Zustand. Unter Anwendung dieser Härtungsbedingungen waren keine Unterschiede in der Härteannahme festzustellen.

## 3. Korrosionsprüfungen

*a) Prüfverfahren*

Wie bereits erwähnt, ist neben der Schneidfähigkeit und Schneidhaltigkeit die Korrosionsbeständigkeit bei den rostbeständigen Messern eine wichtige und die Praxis in besonderem Maße interessierende Eigenschaft. Sie ist das Ergebnis aus einer Vielzahl verschiedenster Einflüsse und entzog sich lange einer genaueren Messung. Im Rahmen anderer Untersuchungen [8, 9] wird etwas ausführlicher auf die grundlegenden Probleme derartiger Korrosionsuntersuchungen hingewiesen. Hier mögen einige wesentliche Ausführungen genügen.
Die in der Praxis in der Schneidwarenindustrie häufig unternommenen Prüfungen

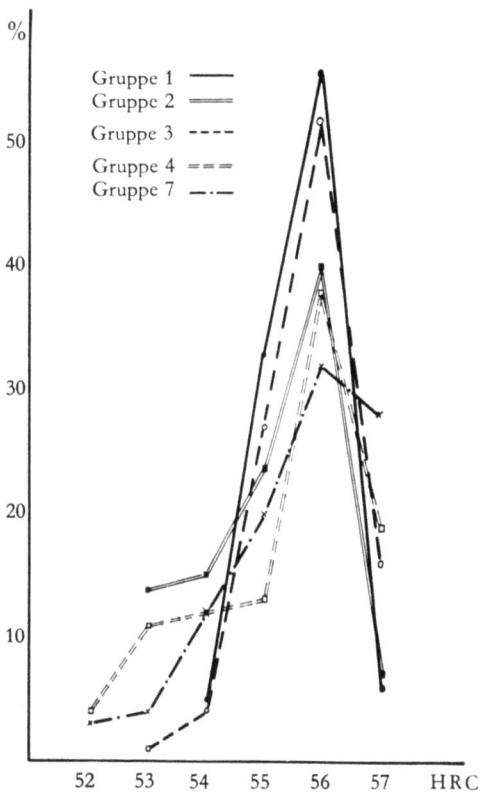

Abb. 6  Statistische Verteilung der Härte bei Messern verschiedener Herstellungsarten
Gruppe 1: Vormaterial geschmiedet, Klingen gewalzt
Gruppe 2: Vormaterial gewalzt, Klingen gewalzt
Gruppe 3: Vormaterial geschmiedet, Klingen gebreitet
Gruppe 4: Vormaterial gewalzt, Klingen gebreitet
Gruppe 7: Klingen aus doppelkonischem Bandmaterial

mit Senf oder Essig führen zu recht subjektiven Urteilen, ganz abgesehen davon, daß eine Abstufung in den Ergebnissen nur ganz grob möglich ist. Die größte Schwierigkeit, die ein solches Korrosionsprüfverfahren, welches – wie hier – für den Betriebsgebrauch Verwendung finden soll, zu überwinden hat, ist die Suche nach einem geeigneten Angriffsmittel. Es muß in tragbar kurzen Zeiten zu Ergebnissen führen, muß aber andererseits möglichst gut mit den Angriffsmitteln der Praxis übereinstimmen, um mit diesen vergleichbare Ergebnisse zu erhalten.

Für die rostbeständigen Messerstähle ist ein Verfahren entwickelt worden [8], das als etwas robusteres Betriebsverfahren gedacht ist und sich in dieser Richtung auch gut bewährt hat. Bei diesem Verfahren werden gleichzeitig das zu prüfende Messer und eine Vergleichsprobe aus gehärtetem C-Stahl der Einwirkung einer stark verdünnten Lösung von Salzsäure und Salpetersäure ausgesetzt und nach 5 min mit einem mV-Meter die zwischen beiden Elektroden bestehende Potentialdifferenz gemessen. Diese wird als Maß für die Korrosionsbeständigkeit angegeben. Durch die Wahl der Vergleichselektrode zeigen positive Werte (Prüfling edler als die Vergleichsprobe) an, daß die Probe in größerem oder geringerem Maße je nach Höhe der angezeigten Spannung beständig ist gegenüber den normalerweise bei der Verwendung auftretenden Angriffsmitteln. Entsprechend lassen negative Werte den gegenteiligen Schluß zu. Es ist durch dieses Verfahren möglich, auch im beständigen Bereich noch Differenzierungen vorzunehmen, was bei den früher angewendeten Tüpfelmethoden nicht der Fall war.

Verschiedentlich laut gewordene Kritik bezieht sich vor allem auf einen gewissen Mangel an theoretisch wissenschaftlicher Exaktheit (keine absolut stromlose Messung, kein Ruhepotential u. s.). Dem muß entgegengehalten werden, daß die Beseitigung dieser beanstandeten Punkte nur mit einem hohen Aufwand ermöglicht werden könnte. Es ist jedoch bewußt darauf verzichtet worden, damit wirklich ein einfaches Verfahren zur ständigen Kontrollmessung im Betrieb geschaffen werden konnte. Außerdem haben sich bei einer Anzahl größerer Versuchsreihen für die Praxis sehr gut verwertbare Ergebnisse gezeigt.

*b) Prüfergebnisse*

Das beschriebene Potentialmeßverfahren wurde im Rahmen dieser Arbeit zur Bestimmung des Korrosionsverhaltens herangezogen. Bereits nach einigen Prüfungen zeigte sich, daß die Ergebnisse einen recht großen Streubereich aufwiesen. Es erschien daher zunächst einmal ratsam, sämtliche Messer zu überprüfen, um bei der dann immerhin größeren Anzahl von Prüfergebnissen eine einigermaßen verwendbare Streukurve aufzeigen zu können. Die Ergebnisse (Abb.7) zeigen auch bei der hier zugrunde liegenden verhältnismäßig geringen Stückzahl von nur 23 bis höchstens 50 die üblicher Verteilung mit ausgeprägtem Maximum.

Die ziemlich großen Streuungen können verschiedene Ursachen haben. So ist es durchaus möglich, daß sich die etwas unterschiedliche Härtung auswirkt. Andererseits dürfte die Oberflächenbearbeitung nicht ohne Einfluß sein. Um dieses näher zu überprüfen, wurden aus jeder Gruppe zehn Klingen, deren Ergebnisse über den ganzen Streubereich verteilt lagen, ausgewählt und nochmals überpließet. Eine danach durchgeführte Prüfung zeigte, daß sich diese Messer hinsichtlich ihrer Korrosionsbeständigkeit nicht in die gleiche Reihenfolge wie vorher einordnen ließen. Damit mag wohl bereits erwiesen sein, daß der Einfluß der Oberflächenbearbeitung doch sehr wesentlich ist.

Um das vorliegende Ergebnis zu erhärten, wurden sämtliche Messer nochmals überpließet und anschließend erneut geprüft. Die dabei erzielten Ergebnisse zeigt ebenfalls Abb. 7. Man erkennt, daß sich wiederum eine gut ausgeprägte typische Verteilung ergibt. Die Ergebnisse der zweiten Prüfung liegen durchweg besser, was auf die Oberflächenbearbeitung zurückgeführt werden kann, da die vorher untersuchten Messer nur grobgepließet waren, bei der zweiten Prüfung aber

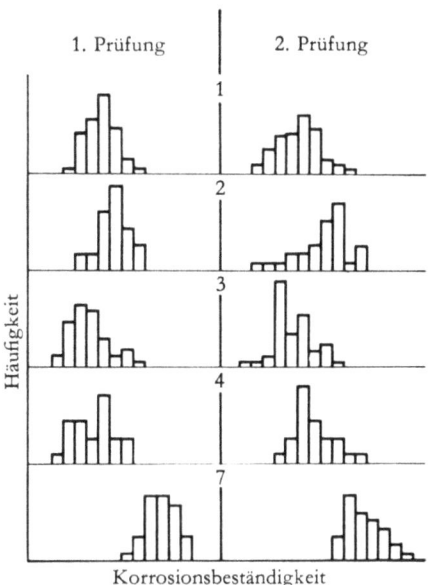

Abb. 7 Statistische Auswertung der Ergebnisse der Korrosionsprüfungen
Gruppe 1: Vormaterial geschmiedet, Klingen gewalzt
Gruppe 2: Vormaterial gewalzt, Klingen gewalzt
Gruppe 3: Vormaterial geschmiedet, Klingen gebreitet
Gruppe 4: Vormaterial gewalzt, Klingen gebreitet
Gruppe 7: Klingen aus doppelkonischem Bandmaterial

blaugepließtet vorlagen. Diese statistische Überprüfung zeigt deutlich, wie stark sich gerade beim Pließten ein Einfluß der Oberflächenbearbeitung auf das Korrosionsprüfergebnis auswirkt.
Daß die Oberflächenbearbeitung durch Schleifen einen Einfluß auf das Material an der Oberfläche ausüben kann, ist auch anderweitig beobachtet worden. So teilt KOPIETZ [10] mit, daß an ROCKWELL-C-Prüfplatten durch Vickershärtemessungen mit verschiedenen Prüfkräften festgestellt worden ist, daß die Oberflächenschichten bisweilen weicher sind als darunterliegende Bereiche. Daraufhin durchgeführte Untersuchungen zeigen, daß selbst bei günstigsten Schleifbedingungen mit Kühlung noch eine Schicht von ungefähr $1/100$ mm Dicke empfindlich beeinflußt wird. Wenn es sich auch bei diesen Prüfplatten um ein Material handeln dürfte, das weitaus anlaßempfindlicher ist als die rostbeständigen Chromstähle, so kann doch mit Sicherheit angenommen werden, daß die Oberflächenbearbeitung im Hinblick auf den Verwendungszweck mit äußerster Sorgfalt durchgeführt worden ist. Demgegenüber sind die Schleifbedingungen beim Pließten des rostbeständigen Stahles bedeutend ungünstiger (besonders, da es ohne Kühlung erfolgt). Außerdem wird der Schleifprozeß – teils aus Unkenntnis der Folgen, teils aber auch aus Gründen einer schnellen, wirtschaftlichen Fertigung (Akkord) – bei weitem nicht mit der

hier nötigen Vorsicht (geringer Anpreßdruck) durchgeführt. Dazu kommt, daß das chromlegierte Material zwar eine höhere Anlaßbeständigkeit, aber auch eine geringere Wärmeleitfähigkeit hat, wodurch es örtlich bei zu starkem Anpreßdruck zu Wärmestauungen kommen kann. Die dadurch erfolgende Anlaßwirkung beeinträchtigt zwar nur sehr dünne Oberflächenschichten, aber gerade diese sind für die Korrosionsbeständigkeit des Teiles maßgebend. Die bei derartigen Anlaßvorgängen durch die Rückbildung von Chromkarbiden auftretende Verminderung des freien Chromgehaltes in der Grundmasse führt hier zu einer Verschlechterung der Korrosionsbeständigkeit. Es ist in einem anderen Bericht näheres über diese Einflüsse zusammengestellt worden [11]. Versuche im Max-Planck-Institut für Eisenforschung[1] haben ergeben, daß es sogar bei den durch das Schleifen bedingten Anlaßvorgängen zur Rückbildung von Austenit an der Oberfläche kommen kann.

Bei den vorliegenden Versuchsergebnissen überrascht daher, daß dennoch die vorhandenen geringen Unterschiede, die die Maxima der Streukurven und die Mittelwerte zwischen den einzelnen Gruppen erkennen lassen, in einer zweiten Prüfung bestätigt werden. Dies läßt sich nur so erklären, daß beim Pließten der Klingen – da es mit besonderer Sorgfalt durchgeführt wurde – versucht wurde, die Bearbeitungsbedingungen möglichst gleichmäßig zu gestalten. Die naturgegebenen Ungleichmäßigkeiten einer Handarbeit haben dann nur zu geringeren Abweichungen von den mit größter Häufigkeit immer wieder erreichten mittleren Arbeitsbedingungen geführt.

Es erschien jedoch zu gewagt, bereits hieraus Rückschlüsse im Hinblick auf die unterschiedliche Formgebung zu ziehen. Besonders war nicht einwandfrei zu beurteilen, ob durch Schwankungen der Wärmebehandlung der Messer hierbei Einflüsse wirksam geworden sind. Deshalb wurden die Messer aus den verschiedenen Gruppen, die laboratoriumsmäßig gleichzeitig unter besonderer Sorgfalt gehärtet waren (s. Abschnitt IV.2.), auch der Korrosionsprüfung unterzogen. Unterschiede, die eindeutig durch die verschiedenen Herstellungsarten hätten erklärt werden können, waren hierbei nicht festzustellen.

So bestätigt sich auch hier, daß die Messer im Betrieb nicht mit der erhofften Gleichmäßigkeit gehärtet worden waren.

Außerdem zeigen die Ergebnisse eine so gute Beständigkeit der Messer, daß die anfangs beobachteten geringen Unterschiede für die Praxis ohne jegliche Bedeutung sind. Eine Übertragung in den Bereich labiler Beständigkeit, in dem derartige Unterschiede von größerer Bedeutung wären, ist nicht möglich. Auch zeigen die breiten Streukurven, daß dann noch der Einfluß der Oberflächenbearbeitung erheblich schwerer ins Gewicht fällt.

---

[1] Mündliche Mitteilung durch Herrn Dr. phil. A. Rose, Max-Planck-Institut für Eisenforschung, Düsssseldorf.

## 4. Durchgeführte Untersuchungen über Schneideigenschaften

*a) Die angewandten Verfahren*

Für die Überprüfung der Schneideigenschaften der auf verschiedene Weise hergestellten Messer standen zwei Verfahren zur Verfügung. Einmal das von KNAPP [12] und weiterhin das von STÜDEMANN und MÜCHLER [13]. Für die richtige Deutung der dabei erzielten Ergebnisse ist es erforderlich, auf diese beiden Verfahren etwas näher einzugehen.
Das von KNAPP entwickelte Verfahren arbeitet folgendermaßen:
Das Messer wird mit der Schneide nach oben in eine Vorrichtung gespannt, die auf einem Schlitten montiert ist. Dieser wird maschinell durch einen Kurbelantrieb hin- und herbewegt. (Ein Hin- und Hergang wird als ein Hub bezeichnet!) Mit konstantem Gewicht von 2 kp wird ein aus einer Anzahl Kartonstreifen bestehender Block gegen das Messer gedrückt und von ihm je nach Schneidfähigkeit mehr oder weniger rasch durchschnitten. Die Anzahl der für das Durchschneiden eines Blockquerschnittes erforderlichen Hübe (s. o.) wird jeweils notiert und über der Anzahl der durchschnittenen Blöcke graphisch aufgetragen. Aus diesen Werten bestimmt KNAPP und später auf etwas andere Weise auch KOLBERG [14] Kennzahlen für die Schneideigenschaften des betreffenden Messers. Die Schneidfähigkeit ist jeweils durch die Hubzahl, die zum Durchschneiden eines Blockes erforderlich ist, gekennzeichnet. Selbstverständlich sind zur genauen Kennzeichnung auch noch die Angaben über Schnittgeschwindigkeit, Hublänge und dergleichen erforderlich. Der Umstand, daß dieses Verfahren recht zeitraubend ist, führte zur Entwicklung des nachfolgend beschriebenen Prüfgerätes.
STÜDEMANN und MÜCHLER zwingen das Messer, eine große Menge Prüfwerkstoff in kurzer Zeit zu zerschneiden und kommen dadurch rasch zu Ergebnissen. Das Messer ist in einer Vorrichtung gehalten, die gegen eine Blattfeder abgestützt ist. Durch das zwangsweise Schneiden erfolgt, je nach Stumpfheit der Schneide, eine der Schnittkraft verhältnisgleiche Auslenkung. Die auf diese Weise durch vorangegangene Eichung erfaßbare Schnittkraft dient als Maß für die jeweilige Schneidfähigkeit. Die Abstumpfungskurve (Anstieg der Schnittkraft mit zunehmender Menge durchschnittenen Gutes) soll Aufschlüsse über die Schneidhaltigkeit geben. Der Nachteil, der bei diesem Verfahren auftritt, wenn man sich an die vorgeschlagene Auswertung hält, liegt darin, daß der für die Ermittlung des Schneidhaltigkeitskennwertes erforderliche parabolische Verlauf der Abstumpfungskurve (Gerade in einfach logarithmischem Papier) erst nach einer gewissen Zeit auftritt, wo das Messer bereits soviel geschnitten hat, daß es normalerweise als schon zu stark abgestumpft anzusehen sein dürfte. Nach den bisher vorgenommenen Prüfungen werden Anfangsstreuungen dabei auch bewußt nicht berücksichtigt. Damit werden allerdings die auf diese Weise ermittelten Werte für die Schneidhaltigkeit in erster Linie auf die Gefügeausbildung, Härte und die entsprechenden geometrischen Formeinflüsse Bezug haben. Dadurch bedeutet dieses Verfahren besonders eine Prüfung auf den Verschleißwiderstand des Werkstoffes. Einflüsse der äußeren Bearbeitung – vor allem die im Anfang des Schneidvorganges vorhandene

Schartigkeit – bleiben dabei ziemlich unberücksichtigt. Das sind aber Einflüsse, die in dem Bereich wirksam werden, der für die praktische Verwendung eines Messers in seinem vorliegenden Gebrauchswert von Interesse sein dürfte. In vorangegangenen Untersuchungen, über deren Ergebnisse getrennt berichtet worden ist [5], konnte bereits gezeigt werden, daß durch den relativ hohen Schnittdruck eine starke Verminderung der Empfindlichkeit vorhanden ist. Aus den angegebenen Gründen wurde für die vorliegenden Versuche die Prüfung der Schneideigenschaften durch Schnittdruckmessung später nicht mehr mit herangezogen.

*b) Prüfungen und Ergebnisse*

Wie eingangs erwähnt, war es beabsichtigt, eine rein betriebliche Herstellung der Messer vorzunehmen. Neben dem primär interessierenden Einfluß unterschiedlicher Formgebungsverfahren sollten dabei alle anderen, in einer normalen betrieblichen Fertigung auftretenden Einflüsse mit erfaßt werden.
Aus den verschiedenen Fertigungsgruppen wurden an einer größeren Anzahl von Messern zunächst nach dem Verfahren von STÜDEMANN und MÜCHLER die Schneideigenschaften geprüft. Es zeigten sich sehr starke Streuungen der Werte, wodurch eine Zuordnung zur Art der Herstellung nicht möglich war. Abb. 8 zeigt den Streubereich dieser Ergebnisse. Es ist der Schnittkraftanstieg über der zunehmenden Menge durchschnittenen Prüfwerkstoffes aufgetragen (angegeben als Anzahl der Umdrehungen der Walze, die den Prüfwerkstoff kontinuierlich dem Messer zuführt). Die Messer wurden sodann nochmals abgezogen, wobei jedoch durch Verwendung einer entsprechenden Vorrichtung ein Keilwinkel von 30° ziemlich gleichmäßig eingehalten wurde. Die erneute Prüfung führte zu wesentlich

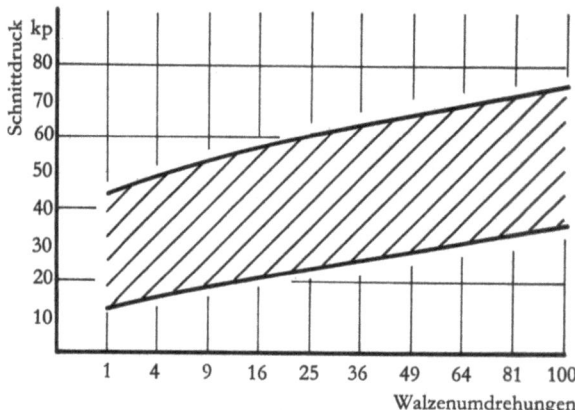

Abb. 8 Ergebnisse von Schneidprüfungen nach dem Verfahren von STÜDEMANN und MÜCHLER
Messer betrieblich abgezogen, Keilwinkel unterschiedlich

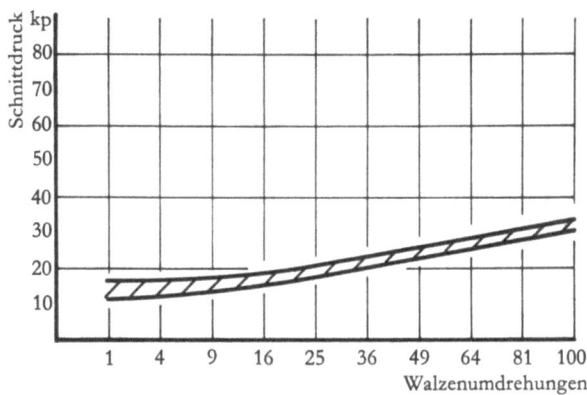

Abb. 9 Ergebnisse von Schneidprüfungen nach dem Verfahren von STÜDEMANN und MÜCHLER
Messer auf Vorrichtung abgezogen, Keilwinkel ca. 30°

geringer streuenden Ergebnissen, wie sie in Abb. 9 gezeigt werden. Wie auch anderweitig schon näher untersucht wurde [6], ist besonders der Abzug der Messer im Betrieb ungleichmäßig. Das ist auch bei dieser ohne jegliche Vorrichtung erfolgenden Handarbeit kaum anders zu erwarten. Diese ersten Versuche zeigen jedoch, wie stark sich diese Ungleichmäßigkeiten auswirken können. In den folgenden Untersuchungen wurde durch entsprechende Maßnahmen dieser Einfluß weitgehend ausgeschaltet. Die zweite Überprüfung zeigt nun aber keine Unterschiede im Schneidverhalten, die evtl. von der verschiedenen Art der Herstellung abhängig sein könnte. In einer anderen Arbeit wird nachgewiesen [5], daß dieses Verfahren zur Schneideigenschaftsprüfung, da es mit sehr hohen Schnittkräften arbeitet, keine feinen Abstufungen in der Empfindlichkeit aufweist. Einerseits macht diese Erkenntnis den Einfluß des unterschiedlichen Keilwinkels, wie er oben aufgezeigt wurde, noch viel schwerwiegender, da er ja trotz geringer Empfindlichkeit so stark registriert wird. Andererseits mußte demzufolge für die weiteren Prüfungen ein empfindlicheres Verfahren, nämlich das von KNAPP, eingesetzt werden.

Wie im Rahmen dieser Arbeit an Hand von Untersuchungsergebnissen erkannt und in einem anderen Bericht [6] zusammenfassend dargestellt wurde, sind eine Reihe von Einflüssen auf die Ergebnisse einer Schneidprüfung wirksam, die selbst bei sorgfältigster Vorbereitung nicht absolut konstant gehalten werden können. Es wurden daher Prüfungen an beidseitig abgezogenen Klingen vorgenommen, wobei eine größere Anzahl von Schneidprüfungen am gleichen Messer durchgeführt werden mußte, um anschließend auf Grund statistischer Auswertungen der Einzelergebnisse zu einer hinreichend eindeutigen Aussage über das jeweilige Schneidverhalten des Messers bzw. der Messer einer Gruppe zu gelangen.

Für die statistische Auswertung wurde die Balkendarstellung gewählt. Es wurde die Häufigkeit der für das Durchschneiden eines Prüfstoffquerschnittes erforderlichen Hübe für den 1., 50. und 100. Querschnitt aufgetragen. Für die Auftragung der jeweils erforderlichen Hübe wurden diese zu Gruppen zusammengefaßt, die bei steigender Hubzahl einen ständig größeren Bereich umfassen. Dieses Anwachsen (Endwert der jeweiligen Gruppe steigt quadratisch) ist zwar hier willkürlich gewählt, dürfte aber dem Verlauf derartiger Versuchsergebnisse wesentlich eher entsprechen als bei der Auftragung gleich großer Gruppen. (Eine quadratische Gesetzmäßigkeit derartiger Versuche wird auch in anderen Arbeiten nachgewiesen.)

Bei der statistischen Auswertung wurden die Ergebnisse mehrerer Messer einer Gruppe zusammengefaßt (ohne eindeutige Ausreißer), an denen jeweils nach erneutem Abzug unter gleichem Winkel eine größere Anzahl von Schneidenprüfungen durchgeführt worden war. Die Abb. 10 zeigt die Ergebnisse an Messern der Gruppe 2 (Vormaterial gewalzt, Klinge gewalzt), die Abb. 11 an Messern der Gruppe 3 (Vormaterial geschmiedet, Klinge gebreitet) und Abb. 12 an Flacherlmessern aus doppelkonischem Band. Die Ergebnisse dieser statistischen Auswertung lassen keine eindeutigen Unterschiede erkennen, die auf die unterschiedliche Herstellungsart dieser Klingen zurückzuführen wären.

Bewußt waren in diesen Untersuchungen Streuungen durch die Eigenart des beidseitigen Abzuges in Kauf genommen worden, da in der Fertigung die übliche Formgestaltung zunächst möglichst beibehalten werden sollte. Bei diesen Untersuchungen zeigte eines der Messer schlechtere Schneideigenschaften, die weit über das Maß der hierbei sonst beobachteten Streuungen hinausgingen.

Die statistische Auswertung der Ergebnisse an diesem Messer ist in Abb. 13 den Ergebnissen an Untersuchungen anderer Messer der gleichen Gruppe gegenübergestellt. Man sieht, daß bei dem geprüften Messer Nr. 4, Gruppe 3, besonders die Schneidhaltigkeit schlecht ist, d. h., daß die Anzahl der für das Durchschneiden eines Querschnittes erforderlichen Hübe mit der Anzahl der durchschnittenen Querschnitte des Prüfwerkstoffes stärker ansteigt.

Da die ohne Zerstörung der Klinge erfaßbaren Einflußgrößen (Keilwinkel, Dicke, Härte usw.) eine Deutung nicht ermöglichten, konnte die Ursache für die Abweichungen erst nach einer Zerstörung der Klinge geklärt werden. Bereits das Bruchgefüge zeigte eine deutliche Kornvergrößerung. Dieses Bruchgefüge ist aus Abb. 14 zu ersehen. Zum Vergleich ist in Abb. 15 das Bruchaussehen eines Messers, welches in den Schneideigenschaften innerhalb der hier beobachteten normalen Grenzen lag, wiedergegeben. Die Abb. 16 und 17 zeigen die Gefüge dieser Messer. Eine Korngrößenbestimmung (ASTM-Korngrößenrichtreihe) ergab für das schlecht schneidende Messer eine Korngröße von 4 bis 6, wogegen die des besser schneidenden Messers bei 7–8 lag.

Weiterhin wurden beide Messer mittels Röntgenfeinstrukturuntersuchung auf ihren Restaustenitgehalt hin überprüft. Da die Restaustenitteilchen mit dem Austenit, aus dem sie als nicht umgewandelter Gefügeanteil zurückgeblieben sind, in einem Orientierungszusammenhang stehen müssen [15] und der Austenit im vorliegenden Fall sehr grob ausgebildet war, waren deutliche Intensitätsunterschiede innerhalb der einzelnen Linien des γ-Eisens vorhanden. Dadurch wurde

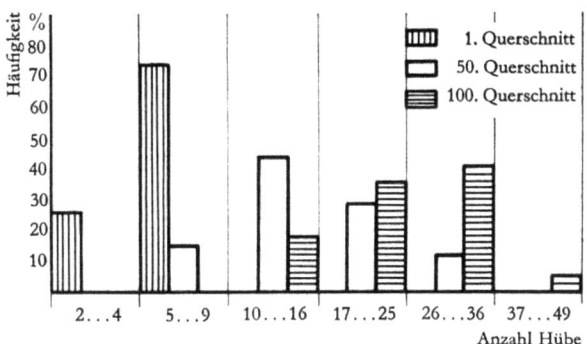

Abb. 10 Schneidprüfungen nach dem Verfahren von KNAPP
Statistische Auswertung der Ergebnisse
Messer der Gruppe 2, Vormaterial gewalzt, Klingen gewalzt

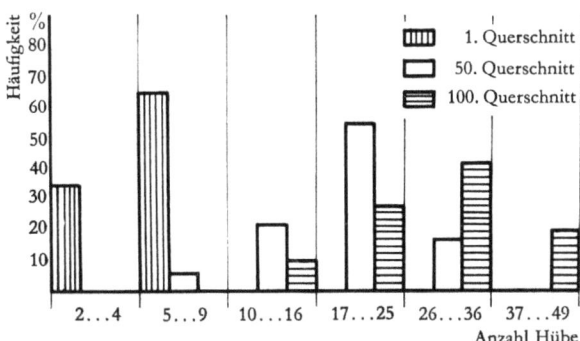

Abb. 11 Schneidprüfungen nach dem Verfahren von KNAPP
Statistische Auswertung der Ergebnisse
Messer der Gruppe 3, Vormaterial geschmiedet, Klingen gebreitet

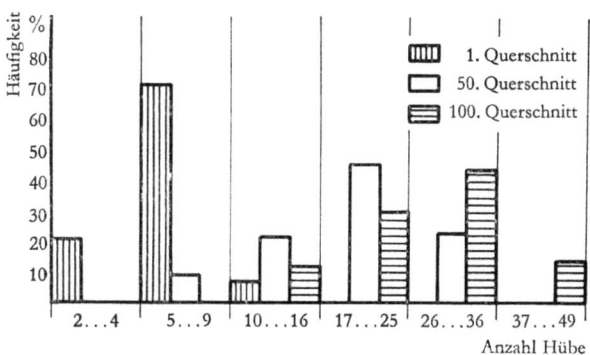

Abb. 12 Messer aus doppelkonischem Bandmaterial

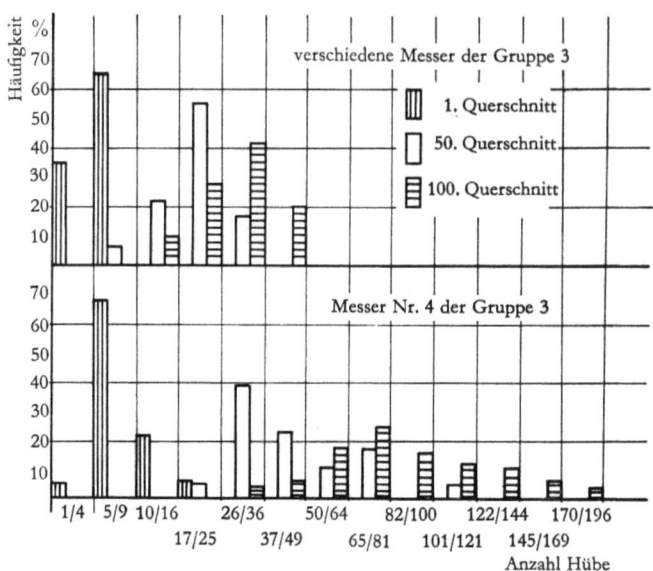

Abb. 13 Schneidprüfungen nach dem Verfahren von KNAPP
Statistische Auswertung der Ergebnisse des Messers Nr. 4 der Gruppe 3
(geschmiedetes Vormaterial, gebreitete Klinge)
gegenüber Ergebnissen von Messern gleicher Gruppe mit normalen Schneideigenschaften

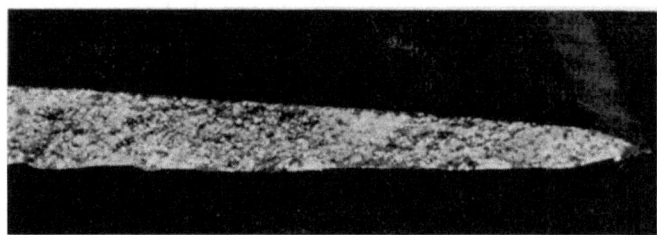

Abb. 14  Bruchaussehen des Messers Nr. 4 der Gruppe 3          10:1
(schlechtere Schneideigenschaften)

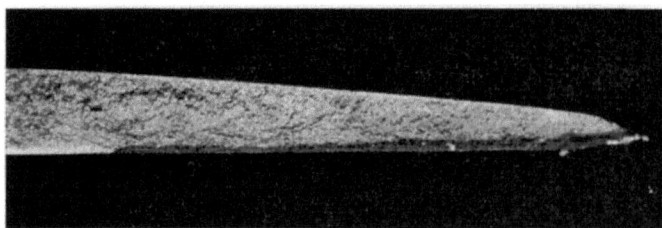

Abb. 15  Bruchaussehen eines Messers der Gruppe 3              10:1
(normale Schneideigenschaften)

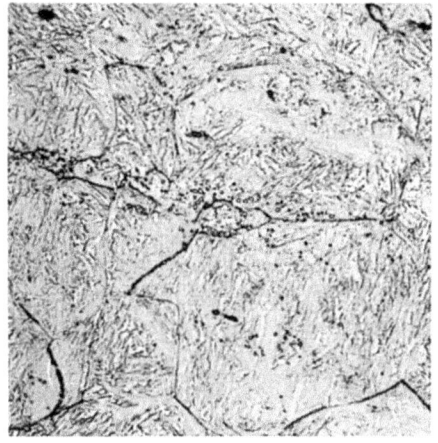 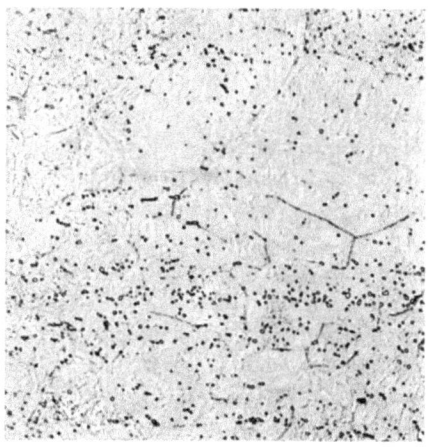

Abb. 16  Gefüge des Messers Nr. 4 der Gruppe 3 (schlechtere Schneideigenschaften) 500:1

Abb. 17  Gefüge eines Messers der Gruppe 3 (normale Schneideigenschaften) 500:1

allerdings eine Beurteilung über die relativen Gehalte an Restaustenit erschwert. Das Messer mit den schlechteren Schneideigenschaften schien aber einen geringfügig höheren Restaustenitanteil aufzuweisen. Interessant ist, daß die ROCKWELL-Härteprüfung diesen hier offensichtlich vorliegenden Vergütungsfehler nicht wiedergab. Auch Kleinlasthärteprüfungen mit dem Vickersprüfverfahren – mit 10 kp Prüflast durchgeführt – ergaben Werte, deren Unterschiede ebenfalls noch im Bereich der zulässigen Streuungen lagen. Wie die Gefügeausbildung zeigt, ist bei dem untersuchten Messer durch eine Überhitzung oder (was noch eher anzunehmen ist) Überzeitung eine weitgehende Karbidlösung erfolgt, wodurch ein erhebliches Kornwachstum möglich wurde. Mit dem höheren Legierungsgehalt des Austenits ist auch ein höherer Restaustenitgehalt zu erwarten, wie es sich in etwa auch aus der Röntgenrückstrahlaufnahme ersehen ließ. Es hat sich jedoch gezeigt, daß noch keine Auswirkung des Restaustenitgehaltes auf die Härte des Materials eindeutig nachgewiesen werden kann. Das ist besonders für die Praxis interessant, zeigt sich hier doch, daß sich bisweilen derartig schwerwiegende Unterschiede in den Schneideigenschaften der üblicherweise durchgeführten Kontrolle der Härtung der Messer mit der ROCKWELL-Härteprüfung entziehen.

In den Abb. 18 und 19 wird zusätzlich noch der Unterschied beider Klingen an der Schneide aufgezeigt. Beide Messer haben fast die gleiche Menge Prüfwerkstoff geschnitten, das schlechtere Messer mit entsprechend mehr Schnitten. Die Bilder sprechen für sich und zeigen besonders deutlich die unterschiedliche Verschleißfestigkeit.

Da Härte und Restaustenitgehalt kaum oder nur geringfügig unterschiedlich sind, kommt in dem vorliegenden Beispiel deutlich die Wirkung der Karbide zum Ausdruck, deren Fehlen den Verschleißwiderstand des einen Messers erheblich herabgesetzt hat.

Es sei noch erwähnt, daß diese überprüfte Klinge bei der Korrosionsprüfung keine auffällig anderen Ergebnisse zeigte als die anderen Messer der gleichen Gruppe. Dieses entspricht in etwa den Beobachtungen bei der Härteprüfung und zeigt, daß trotz der starken Gefügeänderung verschiedene Eigenschaften, die gerade für die Praxis zu einer schnellen Qualitätskontrolle geeignet sind, nicht stärker beeinflußt zu werden brauchen.

Wie Stichprobenuntersuchungen zeigten, war dieses Messer in der großen Menge der gefertigten Klingen nicht das einzige, das diese schlechtere Qualität aufwies. Es mußte also vermutet werden, daß die beobachteten Streuungen der Ergebnisse bei den Schneideigenschaftsprüfungen zusätzlich durch Ungleichmäßigkeiten in der Wärmebehandlung möglich werden. Bei weiteren Versuchen mußten alle die erkannten Fremdeinflüsse soweit wie irgend möglich berücksichtigt werden.

Es wurden für die folgenden Untersuchungen daher Messer der verschiedenen Herstellungsverfahren verwendet, die nach dem Glühen und Ausschneiden (Abb. 1) zurückbehalten worden waren. Diese Messer wurden entsprechend den im Laufe dieser Arbeit gewonnenen Erkenntnissen, über die gesondert berichtet wurde [5], vorbereitet. So konnten durch Planschleifen der Waten verschiedene Einflüsse konstant gehalten werden. Diese Klingen ließen sich nunmehr unter immer gleichen Verhältnissen einspannen. Auch schneidet die zur Einspannseite liegende Klingenfläche immer frei. Beides ließ sich bisher bei den üblichen Klingen

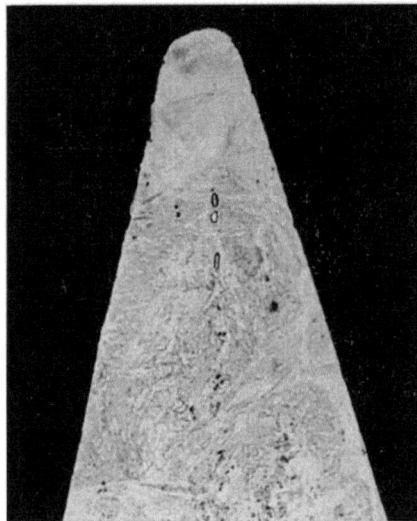 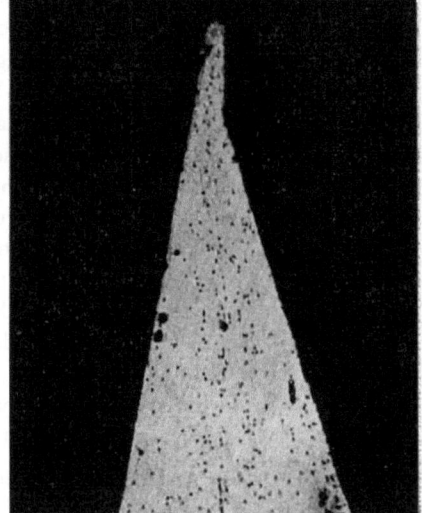

Abb. 18  Querschliff durch die Schneide des Messers Nr. 4 der Gruppe 3 (schlechtere Schneideigenschaften nach dem Schneiden) 500:1

Abb. 19  Querschliff durch die Schneide eines Messers der Gruppe 3 (normale Schneideigenschaften nach dem Schneiden) 500:1

durch die Balligkeit der Watenflächen nicht ohne weiteres erreichen und besonders nicht reproduzierbar gestalten. Außerdem erfolgte beim Abziehen keine Veränderung in der Dicke der Klingen (Gemessen am Fuß des Abzugswinkels), womit auch nach mehrmaligem Prüfen gleiche Prüfbedingungen in dieser Hinsicht vorlagen. Bei den sonst konisch zum Rücken hin sich verbreiternden Klingen ist das nicht möglich. Weiterhin werden durch dieses Konstanthalten der Dicke über die gesamte geprüfte Länge die geometrischen Verhältnisse gleichmäßig und reproduzierbar, was ebenfalls durch die normalerweise vorhandene Dickenabnahme zur Spitze hin nicht der Fall war.

Die Klingen wurden gemeinsam unter folgenden Bedingungen gehärtet:
20 min 850° C vorgewärmt – dann 10 min bei 1050° C im Elektrodensalzbad erwärmt – Abschreckung in Öl.

Die Klingen wurden nur einseitig abgezogen, wodurch zur Einspannseite hin überhaupt keine Fläche mit dem Prüfwerkstoff in Eingriff stehen konnte und die unterschiedlichen dadurch bedingten mechanischen Einflüsse beim Schneiden ausgeschaltet wurden [6]. Allerdings war eine vollständige Ausschaltung von Streuungen auf Grund einer Gratbildung und der Schartigkeit nicht gänzlich zu vermeiden. Messer nach dieser Vorbereitungsart wurden aus allen Gruppen jeweils mehrmals geprüft. Die Ergebnisse liegen auf Grund der geometrischen Form dieser Proben sehr viel besser, auch die Streuungen sind bei weitem geringer. Die Unterschiede in den Kurvenverläufen (Abb. 20) sind so gering, daß ein eindeutiger Zusammenhang mit den unterschiedlichen Herstellungsverfahren nicht zu erkennen ist.


## 5. Metallographische Untersuchungen

### a) *Gefüge des Ausgangsmaterials*

Für die Herstellung der Messer fand, wie schon in Abschnitt III beschrieben, sowohl geschmiedetes, als auch gewalztes Stangenmaterial aus gleicher Charge Verwendung. Das Gefüge dieser Stähle zeigen die Abb. 21–24. Deutlich ist die Karbidanhäufung im gewalzten Material zu erkennen (Abb. 21). Die Auswirkung dieser Karbidanhäufung auf das Werkstoffverhalten während der Weiterverarbeitung war hauptsächlich im Bereich überhöhter Härtetemperaturen zu beobachten [7]. Außerdem weist das gewalzte Material etwas größere Karbide auf (Abb. 22).


### b) *Gefüge nach den verschiedenen Formgebungsverfahren*

Um den Einfluß der Formgebungsvorgänge auf die Ausbildung des Gefüges besser verfolgen zu können, wurden auch in den verschiedenen Zwischenzuständen Schliffproben zur Untersuchung entnommen. Da es sich jedoch bei der verwendeten Stahlart um einen lufthärtenden Stahl handelt, sind die nach den

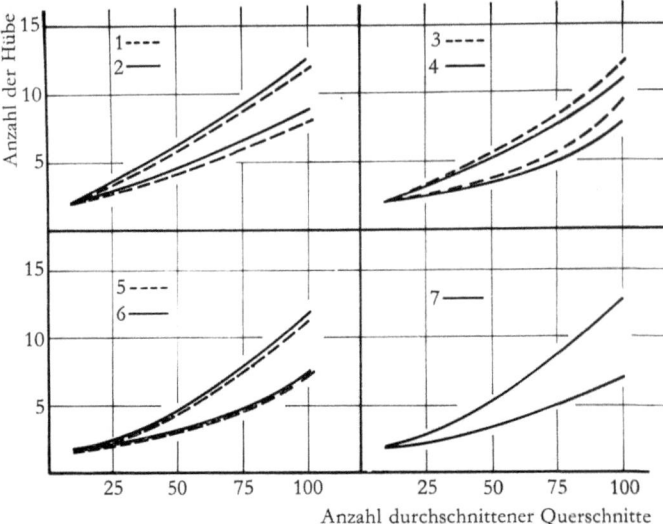

Abb. 20  Ergebnisse von Schneidprüfungen an einseitig abgezogenen Messern aller Herstellungsarten nach den Verfahren von KNAPP

Gruppe 1: Vormaterial geschmiedet, Klinge gewalzt
Gruppe 2: Vormaterial gewalzt, Klingen gewalzt
Gruppe 3: Vormaterial geschmiedet, Klingen gebreitet
Gruppe 4: Vormaterial gewalzt, Klingen gebreitet
Gruppe 5: Vormaterial geschmiedet, Klingen im Gesenk geschlagen
Gruppe 6: Vormaterial gewalzt, Klingen im Gesenk geschlagen
Gruppe 7: Klingen aus doppelkonischem Bandmaterial

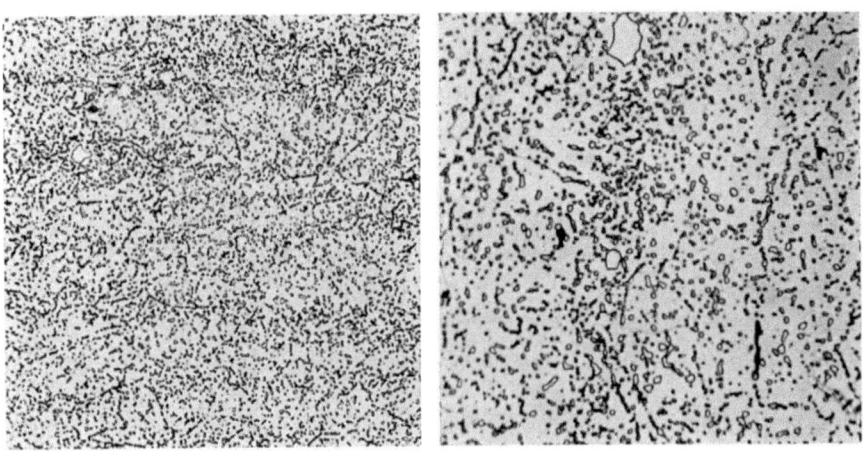

Abb. 21   500:1                    Abb. 22   1000:1
Abb. 21 und 22   Gefüge des gewalzten Vormaterials

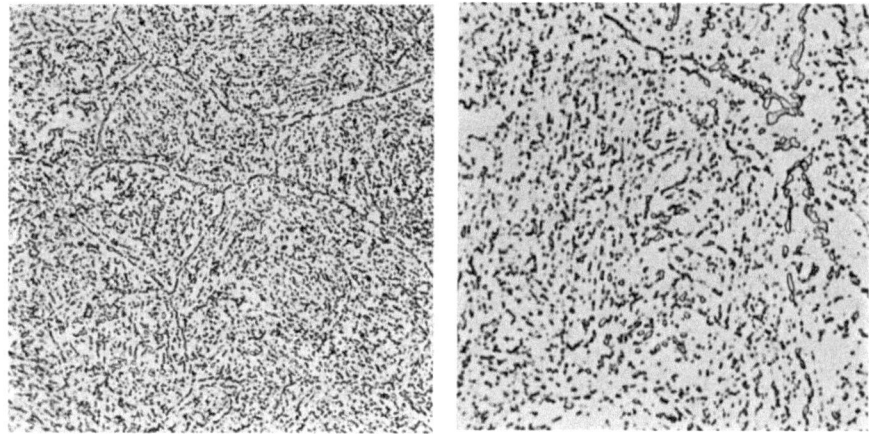

Abb. 23  500:1                Abb. 24  1000:1
Abb. 23 und 24  Gefüge des geschmiedeten Vormaterials

verschiedenen Warmformgebungen vorliegenden Gefüge Härtungsgefüge. Somit dürfen manche Details dieser Gefügeausbildungen keineswegs als unbedingt typisch angesehen werden, da ja die Abkühlung von der Verformungsendtemperatur sehr unterschiedlichen Bedingungen ausgesetzt ist, und zwar unabhängig vom Verformungsvorgang. Andererseits ist die Ausbildung und Größe der Kristallite zu einem wesentlichen Teil durch die Art der Formgebung bedingt. Da die Verformung im Austenitgebiet erfolgt und die Ausscheidung der Karbide bevorzugt an den Austenitkorngrenzen stattfindet, ist das Primärgefüge durch die Karbide sehr gut zu erkennen.

Die erste Formgebung, sowohl bei der Herstellung gewalzter als auch gebreiteter Messer, ist das sogenannte »Kropfstempeln« (Abb. 1). Hierbei erfolgt die Verformung der Spaltstücke im Gesenk. Für die Weiterverarbeitung zu gebreiteten Messern wird dabei nur Erl und Kropf angestaucht. Der Teil des Spaltstückes, aus dem später durch Breiten die Klinge entsteht, wird hierbei nicht verformt (Abb. 4). Beim »Kropfstempeln« an den Teilen, die später durch Walzen weiter verarbeitet werden sollen, muß jedoch gleichzeitig auch das Material, aus dem die Klinge gewalzt wird, vorgebreitet werden (Abb. 3).

Die Gefügebilder (Abb. 25–28) zeigen, daß in den verformten Teilen ein relativ grobes Korn vorhanden ist. Fast sämtliche Karbide sind in Lösung gegangen. Bei der angewendeten Verformungstemperatur von ca. 1130°C ist nach nur zwei bis drei Schlägen im Gesenk eine ziemlich hohe Verformungsendtemperatur zu erwarten, wodurch sich auch das relativ grobe Austenitgefüge (markiert durch die Korngrenzenkarbide) erklären ließe.

Der Teil des Spaltstückes, der beim »Kropfstempeln« im Zuge der Herstellung gebreiteter Messer nicht mit verformt wird, wird dementsprechend auch nicht unmittelbar mit erhitzt. Durch Wärmeleitung und -strahlung wird aber auch dieser Teil mehr oder weniger erwärmt, so daß es hier zu unterschiedlicher Kar-

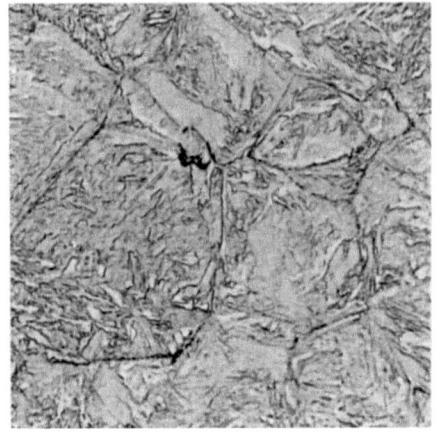 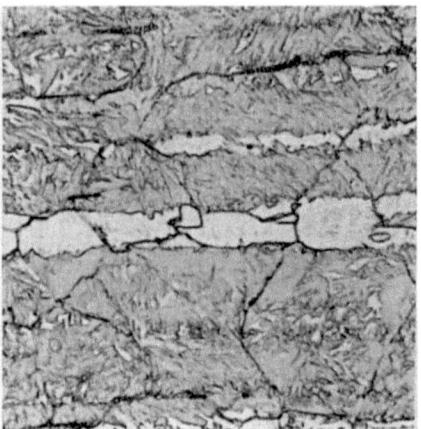

Abb. 25  Vormaterial geschmiedet, 1000:1

Abb. 26  Vormaterial gewalzt, 1000:1

Abb. 25 und 26  Gefüge nach dem »Kropfstempeln« zur Herstellung gebreiteter Klingen

 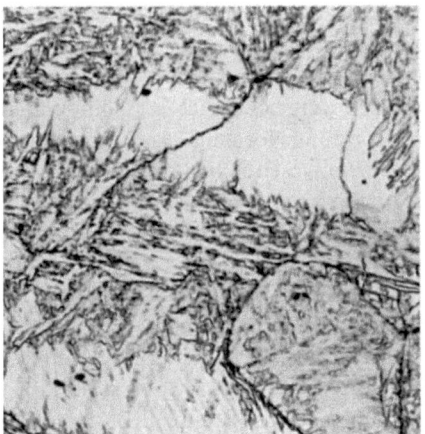

Abb. 27  Vormaterial geschmiedet, 1000:1

Abb. 28  Vormaterial gewalzt, 1000:1

Abb. 27 und 28  Gefüge nach dem »Kropfstempeln« zur Herstellung gewalzter Klingen

bidlösung – und in Nähe der auf Verformungstemperatur erwärmten Zone sogar zu Kornwachstum – kommt. Die Abb. 29–31 zeigen das Gefüge dieses Teiles an verschiedenen Stellen. Man kann deutlich erkennen, wie zum verformten Teil hin eine weitgehendere Karbidlösung erfolgt ist. Bei dem vorliegenden gewalzten Vormaterial wird außerdem sehr gut erkennbar, wie die Karbidzeilen einer restlosen Auflösung länger widerstehen und bei höheren Temperaturen (Abb. 31) dann an dieser Stelle Streifen höherer Konzentration vorliegen. Sie sind in Abb.

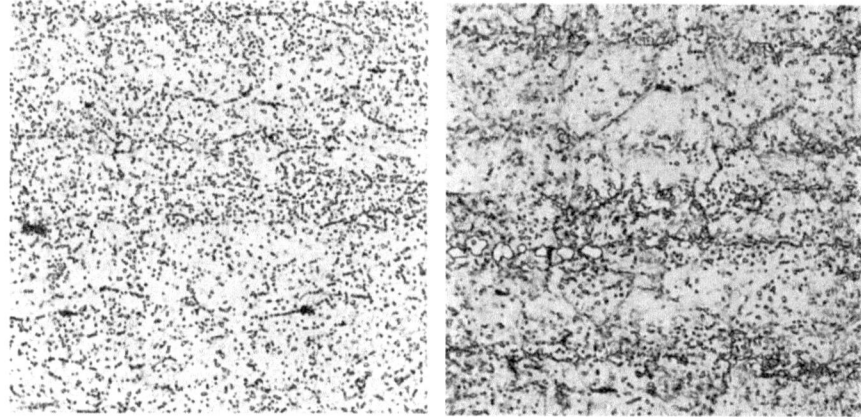

Abb. 29  30 mm von der Spitze, 500:1    Abb. 30  50 mm von der Spitze, 500:1

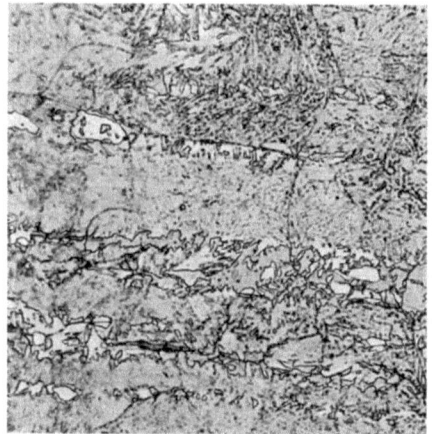

Abb. 31  70 mm von der Spitze, 500:1

Abb. 29–31  Gefüge des beim »Kropfstempeln« unverformt gebliebenen Teiles des Spaltstückes aus gewalztem Vormaterial

26 und 28 auch deutlich dadurch erkennbar, daß sie weniger angeätzt sind. Das läßt darauf schließen, daß an dieser Stelle größere Restaustenitmengen vorliegen.

Die weitere Formgebung ist dann in einer zweiten Hitze erfolgt. Die Abb. 32 und 33 zeigen das Gefüge der gewalzten Klingen. Auch hier fällt das verhältnismäßig große Korn auf. Da beim Walzen die Verformungsanfangstemperatur mit über 1100°C recht hoch lag und bei nur einem Walzstich die Verformungsendtemperatur ebenfalls hoch gelegen haben muß, wäre auch hier, wie beim »Kropfstempeln«, das grobe Austenitkorn erklärlich.

Ganz im Gegensatz zu dem Bisherigen steht das Gefüge der gebreiteten Klingen.

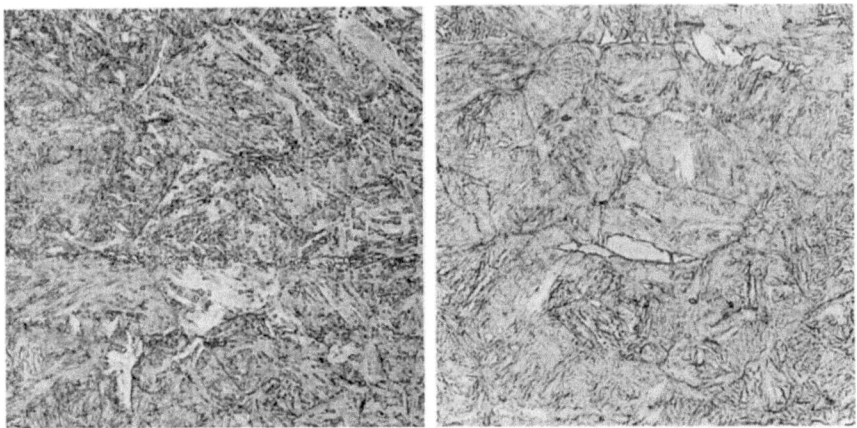

Abb. 32   Vormaterial geschmiedet, 500:1

Abb. 33   Vormaterial gewalzt, 500:1

Abb. 32 und 33   Gefüge nach dem Walzen der Klinge

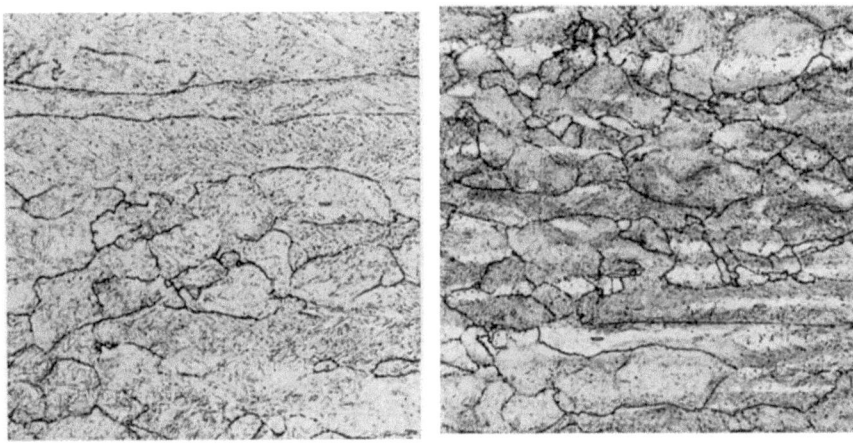

Abb. 34   Vormaterial geschmiedet, 500:1

Abb. 35   Vormaterial gewalzt, 500:1

Abb. 34 und 35   Gefüge nach dem Breiten der Klingen zur Spitze hin

Wie die Abb. 34 und 35 zeigen, weist der Werkstoff hier ein ziemlich feines Korn auf, welches zusätzlich deutliche Markierungen der Verformung zeigt. Die hier vorgenommene Verformung der Klinge erfolgte in ca. 40 Schlägen zwischen den Backen eines Breithammers. Hierbei tritt eine relativ rasche Wärmeabfuhr auf, wodurch sich eine sehr niedrige Verformungsendtemperatur (dunkle Rotglut) ergibt, welche die vorhandene Feinheit des Kornes durchaus erklärlich macht. Außerdem wird hier bereits während des Verformungsvorganges eine Karbidausscheidung an den Korngrenzen einsetzen, sodaß die Rekristallisation nicht über die Korngrenzen hinaus möglich wird und die Streckung des Kornes damit erhalten bleibt.

Die Abb. 36 und 37 zeigen das Gefüge desjenigen Teiles des gebreiteten Messers, welches bereits beim »Kropfstempeln« vorgeformt wurde (s. auch Abb. 4). An diesem Teil erfolgt erst ziemlich zu Ende des Breitens eine Verformung, weil hier bereits das Material vorgebreitet worden ist und ein Eingriff des Hammers erst eintritt, wenn das übrige Material bis auf diese Breite herunter geformt wurde. So erfolgt an dieser Stelle nur eine sehr geringe Verformung, die in Verbindung mit der erfolgten Wärmebehandlung zu dem hier beobachteten, sehr groben Korn führt. Auch hier ist deutlich eine Streckung des Kornes zu erkennen.

Dieses Grobkorn in Nähe des Erls bei so geschmiedeten Klingen ist durch die nachfolgenden Wärmebehandlungen nicht zu beseitigen und konnte auch noch in der fertig vergüteten Klinge festgestellt werden. Inwieweit das Gefüge sich nachteilig auf das Messer auswirkt, ist nicht weiter untersucht worden. Doch sei hier daran erinnert, daß am Erl, d. h. an der Stelle ungünstiger Gefügeausbildung, das größte Biegemoment auftritt. Das ist besonders zu beachten, wenn eine Kraft senkrecht zur Wate (z. B. Schmieren von Brot) auftritt.

Die Warmformgebung der ganz im Gesenk geschlagenen Klingen erfolgt in nur einer Hitze. Das sich dabei ausbildende Gefüge zeigen die Abb. 38 und 39. Man sieht, daß die Kristallite in ihrer Größe zwischen denen der gewalzten und denen der entsprechend gebreiteten Klingen liegen. Da die Formgebung im Gesenk mit sechs bis acht Schlägen ebenfalls zwischen Walzen und Breiten einzuordnen ist und die Verformungsendtemperatur niedriger als beim Walzen, aber höher als beim Breiten liegt, findet die im Vorstehenden versuchte Deutung des Einflusses der Verformungsgröße und der Verformungstemperatur hierin eine Bestätigung.

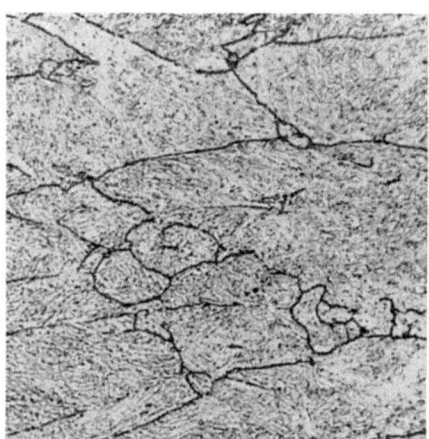 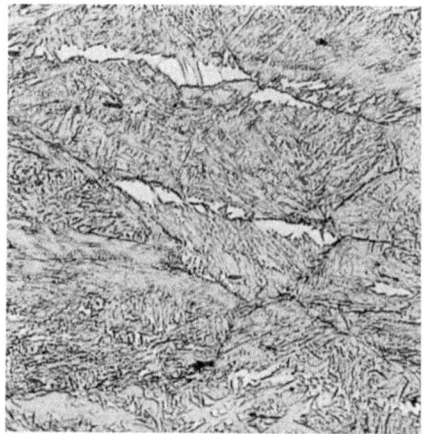

Abb. 36  Vormaterial geschmiedet, 500:1

Abb. 37  Vormaterial gewalzt, 500:1

Abb. 36 und 37  Gefüge nach dem Breiten der Klingen zum Erl hin

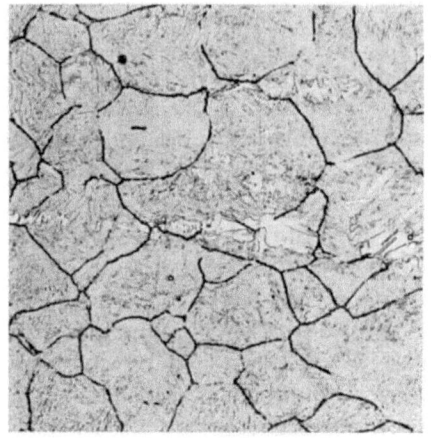 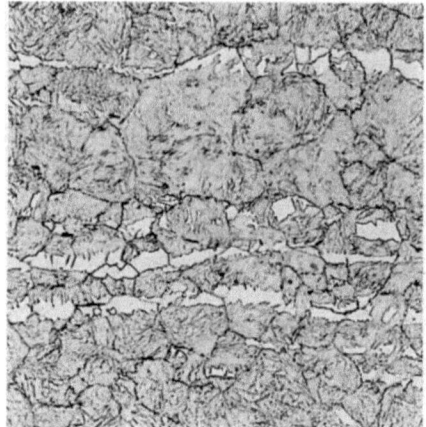

Abb. 38   Vormaterial geschmiedet, 500:1

Abb. 39   Vormaterial gewalzt, 500:1

Abb. 38 und 39   Gefüge nach dem Schlagen der Klingen im Gesenk

Die Gefügebilder der im Gesenk geschlagenen Klingen zeigen, daß zweifellos eine deutliche Einflußnahme der Warmformgebung auf das Gefüge vorhanden ist. Bei den Untersuchungen mußte unberücksichtigt bleiben, wie stark sich Unterschiede in den Erwärmungs- und Abkühlungsbedingungen sowie in den gewählten Verformungstemperaturen auswirken. Derartige Unterschiede treten in der Fabrikation in stärkerem Maße auf. Dabei werden die Unterschiede sich weniger bei fortlaufend gefertigten Stücken als vielmehr über größere Zeiträume während der Klingenherstellung ergeben.

*c) Gefüge der geglühten Teile vor der Vergütung*

Wie bereits geschildert, handelt es sich bei dem verwendeten Stahl um einen Lufthärter. Demzufolge wurden sämtliche Teile vor der weiteren mechanischen Bearbeitung geglüht. Die Abb. 40–45 zeigen die Glühgefüge der nach den verschiedenen Fertigungsmethoden hergestellten Messer.
Im wesentlichen ist ein Unterschied noch deutlich in den Korngrößen, die auch nach dem Glühen noch durch die Karbidausscheidungen fixiert sind, zu erkennen. Entsprechend der bereits besprochenen Gefügeausbildung, wie sie nach der Warmverformung vorliegt, zeigen sich auch bei diesen Gefügen Unterschiede in Korngröße (gewalzt, geschlagen) und Kornstreckung (gebreitet).
An dieser Stelle muß in die Betrachtung das Gefüge des doppelkonisch gewalzten Bandmaterials mit einbezogen werden (s. auch Abschnitt II.2.). Dieses in Abb. 46 gezeigte Gefüge unterscheidet sich von den Glühgefügen der anderen Klingen vor allem dadurch, daß der Werkstoff zahlreiche größere Karbide enthält.

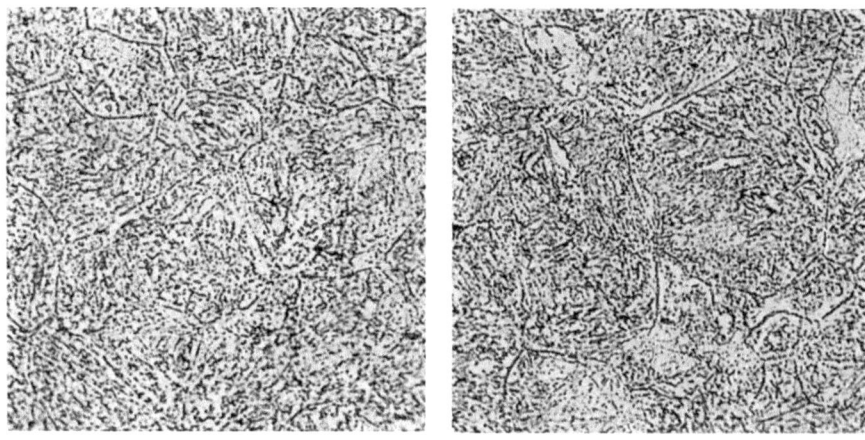

Abb. 40  Vormaterial geschmiedet, 500:1

Abb. 41  Vormaterial gewalzt, 500:1

Abb. 40 und 41  Glühgefüge der gewalzten Klingen

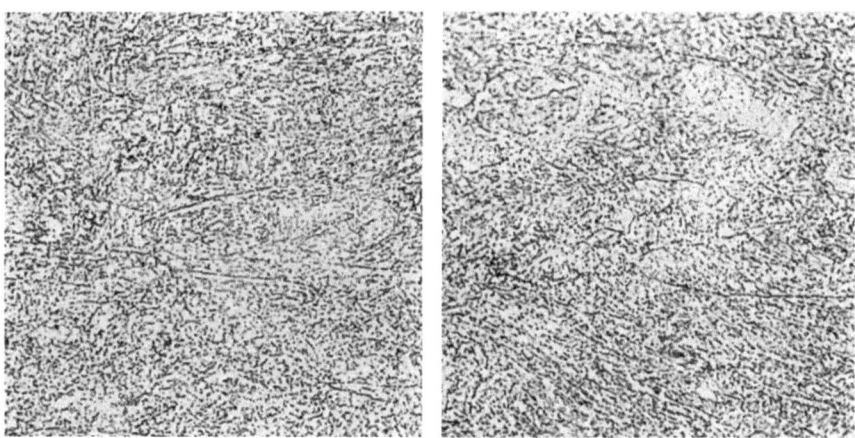

Abb. 42  Vormaterial geschmiedet, 500:1

Abb. 43  Vormaterial gewalzt, 500:1

Abb. 42 und 43  Glühgefüge der gebreiteten Klingen

*d) Gefüge nach der Härtung*

Es mußte bereits an verschiedenen Stellen darauf hingewiesen werden, daß die betriebsmäßig durchgeführte Härtung der Messer nicht mit der erwünschten Gleichmäßigkeit erfolgt ist. Dementsprechend haben auch Gefügeuntersuchungen an den gehärteten Teilen z. T. größere Unterschiede in der Gefügeausbildung, speziell in der Karbidauflösung, erkennen lassen.

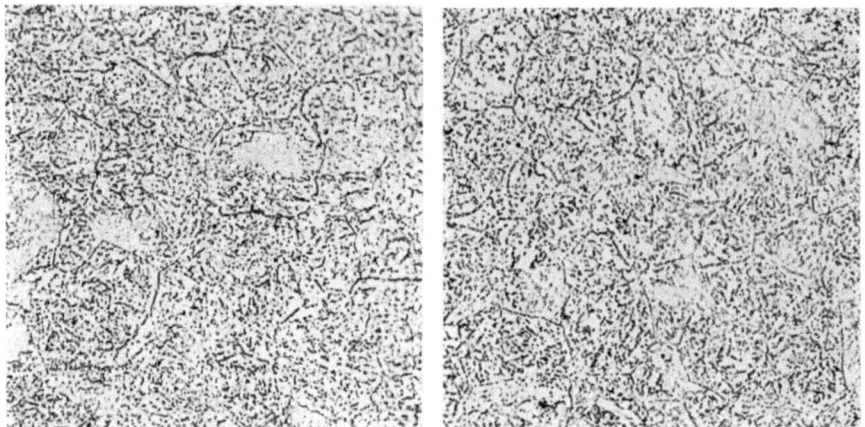

Abb. 44  Vormaterial geschmiedet, 500:1

Abb. 45  Vormaterial gewalzt, 500:1

Abb. 44 und 45  Glühgefüge der im Gesenk geschlagenen Klingen

Abb. 46  Gefüge des doppelkonischen Bandmaterials, 500:1

Für die Beurteilung des Formgebungseinflusses auf Grund der Gefügeausbildung sind darum die Härtungsgefüge der nachträglich im Salzbad gleichzeitig gehärteten Klingen aller sieben Herstellungsarten zugrunde gelegt (Abb. 47–53). Im großen und ganzen sind in den Gefügen der Gruppen 1–6 kaum noch Unterschiede festzustellen. Die etwas unterschiedliche Karbidlösung kann mit der Vorbehandlung nicht mehr in eindeutigen Zusammenhang gebracht werden. Dagegen ist bei allen Fertigungsverfahren im Gefüge in geringem Maße eine Zeilenanordnung festzustellen, die bis auf das gewalzte Stangenmaterial zurückgeführt werden kann. Diese Zeiligkeit zeigt sich dabei am deutlichsten noch bei

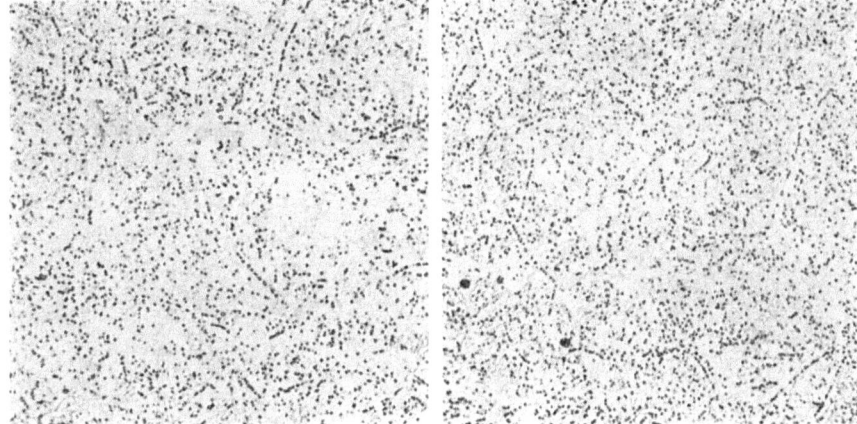

Abb. 47  Vormaterial geschmiedet, 500:1

Abb. 48  Vormaterial gewalzt, 500:1

Abb. 47 und 48  Gefüge der gewalzten Klingen nach dem Härten

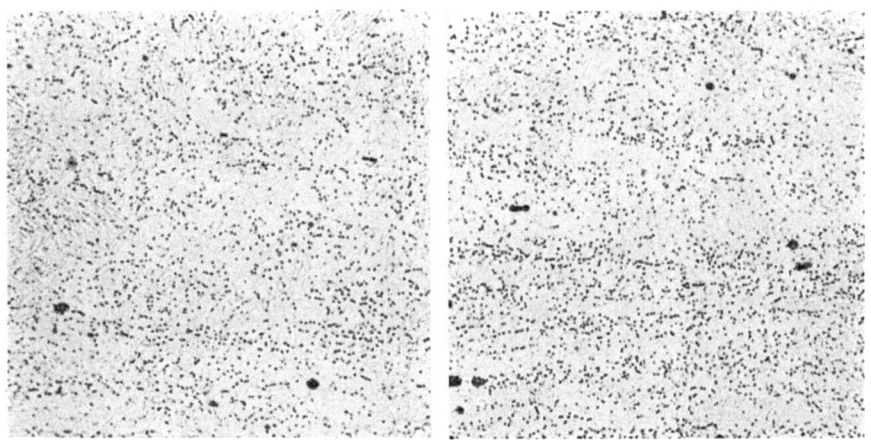

Abb. 49  Vormaterial geschmiedet, 500:1

Abb. 50  Vormaterial gewalzt, 500:1

Abb. 49 und 50  Gefüge der gebreiteten Klingen nach dem Härten

den gebreiteten (Abb. 50) und den geschlagenen Klingen (Abb. 52), während sie bei den gewalzten Klingen (Abb. 48) kaum feststellbar ist.

Deutlich unterscheidet sich von diesen Gefügen das des doppelkonischen Materials (Abb. 53). Wie vom Glühgefüge her nicht anders zu erwarten, zeigt sich hier eine deutliche Zeilenanordnung der Karbide und eine Anzahl wesentlich größerer Karbideinschlüsse.

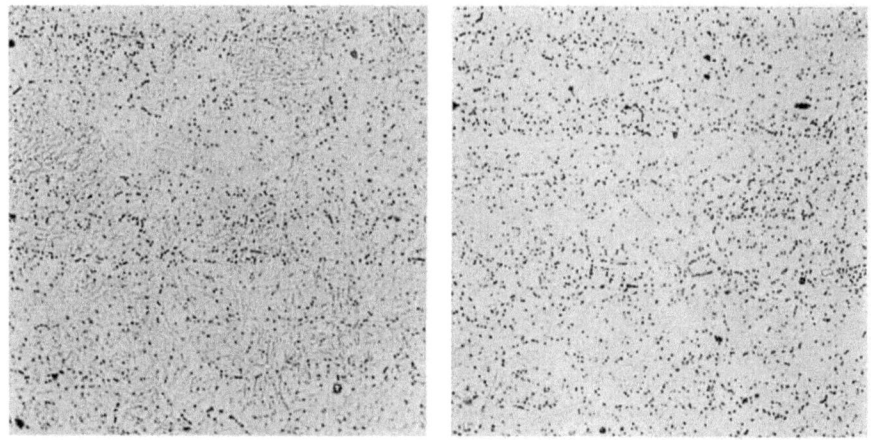

Abb. 51  Vormaterial geschmiedet, 500:1

Abb. 52  Vormaterial gewalzt, 500:1

Abb. 51 und 52  Gefüge der im Gesenk geschlagenen Klingen nach dem Härten

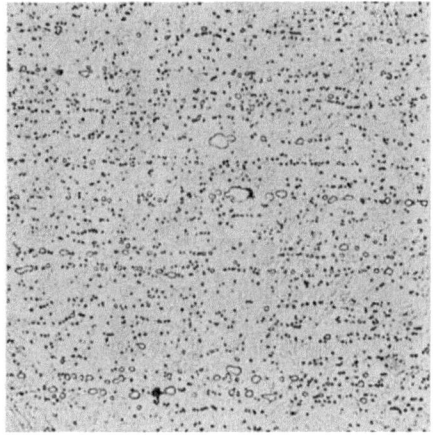

Abb. 53  Gefüge der aus doppelkonischem Bandmaterial gefertigten Klingen nach dem Härten, 500:1

Wie die Qualitätsüberprüfung der Messer gezeigt hat, haben sich die hier beobachteten Unterschiede im Gefüge auf die Eigenschaften der Messer nicht ausgewirkt, bzw. sie ließen sich mit den eingesetzten Prüfverfahren nicht nachweisen. Dennoch sind diese Unterschiede nicht ohne Einfluß, wenn dieser auch erst im Bereich der Überhitzung stärker spürbar wird. Wie schon erwähnt, sind auch hier entsprechende Untersuchungen noch durchgeführt worden, über deren Ergebnisse aber gesondert berichtet werden soll [7].

## V. Zusammenfassung

### 1. Ergebnisse

Die vorliegende Arbeit hatte sich die Aufgabe gestellt, die Beeinflussung der Qualität rostbeständiger Messerklingen durch die mögliche unterschiedliche Vorbehandlung bei der Herstellung zu untersuchen.
Die Untersuchungen wurden durchgeführt an einem rostbeständigen Chromstahl (Werkst.-Nr. 4034). Das gewalzte wie auch das geschmiedete Vormaterial stammte aus der gleichen Charge. Aus dem Vormaterial wurden durch Walzen, Breiten und Schlagen Klingen gefertigt. Aus der gleichen Charge stand außerdem doppelkonisch gewalztes Bandmaterial für die Klingenherstellung zur Verfügung. Die Herstellung der Klingen einschließlich Warmformgebung, Wärmebehandlung und Oberflächenbearbeitung wurde fabrikationsmäßig durchgeführt. Damit sollten die durch verschiedene Formgebung hervorgerufenen Eigenschaften zusammen mit den im Laufe der gesamten Fertigung weiterhin auftretenden Einflüssen erfaßt werden. Insbesondere sollten diese zusätzlich auftretenden und in der Fabrikation oft unvermeidbaren Einflüsse soweit wie möglich in ihrer Größenordnung bestimmt und den durch die verschiedene Formgebung bedingten Qualitätsunterschieden gegenübergestellt werden.
Die durchgeführten Härteprüfungen zeigten einige Streuungen, die in der statistischen Auswertung einen geringen Einfluß des Vormaterials erkennen ließen. Da jedoch zu vermuten war, daß diese Streuungen durch stärkere Ungleichmäßigkeiten bei der Wärmebehandlung hervorgerufen werden, wurden einige Messer der verschiedenen Herstellungsarten unter sehr gleichmäßigen Bedingungen gehärtet und ebenfalls den Qualitätsuntersuchungen unterworfen. Bei der Härteprüfung waren nach dieser Sonderbehandlung keine Unterschiede mehr festzustellen.
Ähnlich lagen die Verhältnisse bei der Korrosionsprüfung. Es haben sich auch hierbei stärkere Streuungen ergeben, die durch die Art der Oberflächenbearbeitung als unvermeidbar angesehen werden müssen. Die statistischen Auswertungen waren der einzige Weg, diese Ergebnisse zusammengefaßt darstellen zu können. Ein merklicher Unterschied in der Korrosionsbeständigkeit, der eindeutig in einem Zusammenhang mit der Herstellungsart stände, wurde nicht festgestellt.
Weiterhin wurde eine große Zahl an Schneideigenschaftsprüfungen durchgeführt. Dabei zeigte sich zunächst ein sehr bedeutender Einfluß auf die Schneideigenschaft seitens der geometrischen Form der Klinge. Speziell der Abzugswinkel lag durch subjektive Einflüsse sehr unterschiedlich vor und führte zu Streuungen der Ergebnisse der Schneidenprüfungen, die alles überdecken mußten. Durch Anwen-

dung eines Abzuges mit stets gleichem Winkel, der mittels einer Vorrichtung erreicht wird, konnte dieser Einfluß des Winkels in den weiteren Untersuchungen konstant gehalten werden.

Ein weiterer, in einzelnen Fällen beobachteter Unterschied in den Schneidprüfergebnissen konnte auf uneinheitliche Vergütung zurückgeführt werden. Versuche, bei denen durch gleiche Ausbildung der geometrischen Form und durch eine gleichmäßige Härtung die beobachteten Einflüsse ausgeschaltet wurden, ließen keine Unterschiede im Schneidverhalten, die auf die verschiedenen Herstellungsverfahren zurückzuführen gewesen wären, erkennen.

In metallographischen Untersuchungen wurden die einzelnen Herstellungsstufen bis zum vergüteten Messer verfolgt. Bereits das gewalzte und geschmiedete Vormaterial unterschieden sich im Gefüge, so besonders in der Gleichmäßigkeit der Karbidverteilung, die beim geschmiedeten Material merklich günstiger war. Es hat sich gezeigt, daß diese Merkmale durch die nachfolgende Warmverformung nicht ganz beseitigt werden. Die verschiedenen Herstellungsverfahren beeinflussen das Gefüge vor allem in der Korngröße des Austenits, die durch Karbidausscheidungen an den Korngrenzen auch noch nach dem Glühen deutlich gekennzeichnet sind. Mit einem Teil erheblich größerer, zeilig angeordneter Karbide unterscheidet sich das Gefüge des doppelkonischen Bandmaterials von den Glühgefügen der anderen, nach den verschiedenen Verfahren hergestellten Klingen. Die nur geringen Unterschiede sind dann an der Gefügeausbildung nach der Härtung noch etwas deutlicher zu erkennen.

## 2. Ausblick

Die in den vorliegenden Untersuchungen gewonnen Erkenntnisse zeigen, daß durch die Fertigungsmethoden die Herstellung der Klingen sehr subjektiven Einflüssen unterliegt. Diese Beeinflussung kann z. T. sehr groß sein und so z. B. die Werkstoffunterschiede überdecken. Sofern ein in der Zusammensetzung geeignetes Material verwendet wird und die Vergütung wie auch die Schleif- und Pließtarbeit sorgfältig und gleichmäßig erfolgt, sind in der Korrosionsbeständigkeit bei dem vorliegenden Stahl so gute Werte zu erwarten, daß auch die unvermeidbaren Unterschiede in der Oberflächenbearbeitung noch nicht zu mangelnder Beständigkeit der Klingen führt. Andererseits sind bei dermaßen gleichmäßiger Fertigung auch keine Unterschiede in den Schneideigenschaften vorhanden. Auch die Art der Herstellung bleibt ohne merklichen Einfluß. Unterschiede in der Härte zeigen sich nur, wenn die vorgeschriebene Vergütung nicht eingehalten wird. Dabei spielt besonders die Karbidverteilung eine große Rolle.

Für die Praxis ergibt sich daraus, daß die Art der Klingenherstellung kaum eine Bedeutung für die Qualität des Enderzeugnisses hat, soweit es sich um Schneideigenschaften und Korrosionsbeständigkeit handelt. Eine weitaus stärkere Einflußnahme ist durch die Vergütung und Oberflächenbearbeitung einschließlich Abzug gegeben, die dementsprechend sorgfältig und gleichmäßig erfolgen sollten.

Die beobachteten Auswirkungen unterschiedlicher Herstellung sind mehr von allgemein theoretischer Bedeutung. Die Feststellung, wieweit das Auflösungsverhalten der Karbide von der Gleichmäßigkeit ihrer Verteilung im Stahl abhängt, beansprucht grundsätzliches Interesse. Über Ergebnisse von Untersuchungen, die in dieser Hinsicht durchgeführt wurden, soll gesondert berichtet werden.

Direktor Dipl.-Ing. HANS STÜDEMANN  
Dr.-Ing. FRITZ ESSELBORN

# VI. Literaturverzeichnis

[1] HENDRICHS, F., Über ein Verfahren zur Prüfung der Schneidfähigkeit von Messerklingen. Zeitschrift Verein f. Technik u. Industrie, Solingen 1929/1; auch in Maschinenbau 7 (1928), S. 1012ff.
[2] KUREK, F., und W. KLEIN, Schneidwaren, S. 35f., Düsseldorf 1951.
[3] PFAENDER, H. G., Das Tischmesser, S. 61, Dr.-Ing.-Dissertation, TH Stuttgart 1957.
[4] Atlas zur Wärmebehandlung der Stähle, herausgegeben vom Max-Planck-Institut für Eisenforschung in Zusammenarbeit mit dem Werkstoffausschuß des Vereins Deutscher Eisenhüttenleute, Teil II von A. ROSE, W. PETER, W. STRASSBURG und L. RADEMACHER, Düsseldorf 1954, 1956 und 1958.
[5] STÜDEMANN, H., und F. ESSELBORN, Einflüsse der Prüfbedingungen auf die Ergebnisse von Schneideigenschaftsprüfungen an Messern. Forschungsberichte des Landes Nordrhein-Westfalen, Heft 1140.
[6] STÜDEMANN, H., und F. ESSELBORN, Die Ergebnisse von Schneideigenschaftsprüfungen in ihrer Abhängigkeit von der geometrischen Form des Messers und die Einflüsse von Karbidverteilung und -größe auf die Schneideigenschaften. Forschungsberichte des Landes Nordrhein-Westfalen, Heft 1352; s. a. Untersuchungen über den Einfluß der Formgebung und Wärmebehandlung auf die Eigenschaften von Messerklingen aus rostbeständigem Chromstahl, Dr.-Ing.-Dissertation von F. ESSELBORN, TH Aachen.
[7] STÜDEMANN, H., und F. ESSELBORN, Untersuchungen über den Einfluß der Wärmebehandlung in Zusammenhang mit unterschiedlicher Herstellungsweise auf die Eigenschaften von rostbeständigen Messern. Forschungsberichte des Landes Nordrhein-Westfalen, demnächst; s. a. Untersuchungen über den Einfluß der Formgebung und Wärmebehandlung auf die Eigenschaften von Messerklingen aus rostbeständigem Chromstahl, Dr.-Ing.-Dissertation von F. ESSELBORN, TH Aachen.
[8] STÜDEMANN, H., und R. BEU, Verfahren zur Prüfung der Korrosionsbeständigkeit von Messerklingen aus rostfreiem Stahl. Forschungsberichte des Wirtschafts- und Verkehrsministeriums Nordrhein-Westfalen, Heft 224 (1956).
[9] STÜDEMANN, H., F. ESSELBORN und H. HARTMANN, Untersuchungen zur Prüfung der Korrosionsbeständigkeit rostbeständiger Besteckbleche aus Chromstahl. Forschungsberichte des Landes Nordrhein-Westfalen, Heft 741 (1959).
[10] KOPIETZ, K. H., Der Einfluß des Schleifens auf die Oberflächenhärte gehärteten Stahles. Mitteilungen der wissenschaftlich-technischen Arbeitsgemeinschaft für Härtereitechnik und Wärmebehandlung e. V., 1954, Nr. 11.
[11] STÜDEMANN, H., und R. BOTH, Untersuchungen über den Einfluß der Oberflächenbearbeitung auf das Korrosionsverhalten rostbeständiger Messerstähle. Forschungsbericht des Landes Nordrhein-Westfalen, Heft 876 (1960).
[12] KNAPP, W., Über Schneidfähigkeit und Schnitthaltigkeit von Messerklingen. Dr.-Ing.-Dissertation, TH Aachen (1928).

[13] Stüdemann, H., und W. Müchler, Entwicklung eines Verfahrens zur zahlenmäßigen Bestimmung der Schneideigenschaften von Messerklingen. Forschungsberichte des Wirtschafts- und Verkehrsministeriums Nordrhein-Westfalen, Heft 177 (1956); s. a. Dr.-Ing.-Dissertation von W. Müchler, TH Braunschweig (1954).

[14] Kolberg, C., Beitrag zur Prüfung der Schneideigenschaften von Messerklingen aus Kohlenstoffstahl und rostfreiem Stahl. Dr.-Ing.-Dissertation, TH Aachen (1933).

[15] Wever, F., A. Rose und W. Peter, Arch. Eisenhüttenw. 21 (1950), S. 367–380.

# FORSCHUNGSBERICHTE DES LANDES NORDRHEIN-WESTFALEN

Herausgegeben im Auftrage des Ministerpräsidenten Dr. Franz Meyers
von Staatssekretär Prof. Dr. h. c. Dr.-Ing. E. h. Leo Brandt

## EISENVERARBEITENDE INDUSTRIE

**HEFT 39**
*Forschungsgesellschaft Blechverarbeitung e. V., Düsseldorf*
*Aus den Arbeiten des Instituts für Werkzeugmaschinen an der Technischen Hochschule Hannover*
Untersuchungen an prägegemusterten und vorgelochten Blechen
*1953. 40 Seiten, 34 Abb. DM 9,50*

**HEFT 43**
*Forschungsgesellschaft Blechverarbeitung e. V., Düsseldorf*
Forschungsergebnisse über das Beizen von Blechen
*1953. 41 Seiten, 38 Abb., 3 Tabellen. Vergriffen*

**HEFT 51**
*Verein zur Förderung von Forschungs- und Entwicklungsarbeiten in der Werkzeugindustrie e. V., Remscheid*
Untersuchungen an Kreissägeblättern für Holz, Fehler- und Spannungsprüfverfahren
*1953. 39 Seiten, 23 Abb. DM 10,—*

**HEFT 56**
*Forschungsgesellschaft Blechverarbeitung e. V., Düsseldorf*
Untersuchungen über einige Probleme der Behandlung von Blechoberflächen
*1953. 41 Seiten, 42 Abb. DM 11,20*

**HEFT 60**
*Forschungsgesellschaft Blechverarbeitung e. V., Düsseldorf*
Untersuchungen über das Spritzlackieren im elektrostatischen Hochspannungsfeld
*1954. 82 Seiten, 53 Abb., 7 Tabellen. Vergriffen*

**HEFT 61**
*Verein zur Förderung von Forschungs- und Entwicklungsarbeiten in der Werkzeugindustrie e. V., Remscheid*
Schwingungs- und Arbeitsverhalten von Kreissägeblättern für Holz I
*1953. 43 Seiten, 31 Abb. DM 11,40*

**HEFT 65**
*Fachverband Schneidwarenindustrie, Solingen*
Untersuchungen über das elektrolytische Polieren von Tafelmesserklingen aus rostfreiem Stahl
*1954. 79 Seiten, zahlreiche Abb., 9 Tabellen. DM 17,35*

**HEFT 87**
*Gemeinschaftsausschuß Verzinken, Düsseldorf*
Untersuchungen über Güte von Verzinkungen
*1954. 56 Seiten, 56 Abb., 3 Tabellen. Vergriffen*

**HEFT 98**
*Fachverband Gesenkschmieden, Hagen*
Die Arbeitsgenauigkeit beim Gesenkschmieden unter Hämmern
*1954. 117 Seiten, 55 Abb., 9 Tabellen. DM 24,75*

**HEFT 116**
*Prof. Dr.-Ing. E. Siebel und Dr.-Ing. Helmut Weiss, Stuttgart*
Untersuchungen an einigen Problemen des Tiefziehens — I. Teil
*1955. 59 Seiten, 50 Abb., 6 Tabellen. DM 14,50*

**HEFT 117**
*Dr.-Ing. H. Beißwänger, Stuttgart und*
*Dr.-Ing. S. Schwandt, Trier*
Untersuchungen an einigen Problemen des Tiefziehens — II. Teil
*1954. 77 Seiten, 34 Abb., 8 Tabellen. DM 17,70*

**HEFT 150**
*Prof. Dr.-Ing. Otto Kienzle und*
*Dipl.-Ing. F. Wilhelm Timmerbeil, Hannover*
Das Durchziehen enger Kragen an ebenen Fein- und Mittelblechen
*1955. 39 Seiten, 20 Abb., 8 Tabellen. DM 11,30*

**HEFT 177**
*Dipl.-Ing. Hans Stüdemann, Solingen und*
*Dr.-Ing. W. Müchler, Essen*
Entwicklung eines Verfahrens zur zahlenmäßigen Bestimmung der Schneideigenschaften von Messerklingen
*1956. 92 Seiten, 68 Abb., 4 Tabellen. DM 22,20*

HEFT 224
*Dipl.-Ing. Hans Stüdemann und Ing. R. Beu, Forschungsinstitut für die Schneidwarenindustrie an der Fachschule für Metallgestaltung und Metalltechnik, Solingen*
Verfahren zur Prüfung der Korrosionsbeständigkeit von Messerklingen aus rostfreiem Stahl
*1956. 82 Seiten, 28 Abb. DM 16,90*

HEFT 225
*Dr.-Ing. Eginhard Barz, Remscheid*
Der Spannungszustand von Gattersägeblättern
*1956. 63 Seiten, 54 Abb. DM 16,50*

HEFT 277
*Dr.-Ing. W. Müchler, Forschungsinstitut für Metallgestaltung und Metalltechnik, Solingen*
*Direktor: Dipl.-Ing. Hans Stüdemann*
Untersuchung und zahlenmäßige Bestimmung der Schneideigenschaften von Messern mit besonderer Berücksichtigung rostfreier Messerstähle
*1956. 47 Seiten, 27 Abb., 5 Tabellen. DM 13,20*

HEFT 283
*Prof. Dr. phil. Franz Wever und*
*Dr.-Ing. Werner Lueg, Max-Planck-Institut für Eisenforschung, Düsseldorf*
Warmstauchversuche zur Ermittlung der Formänderungsfestigkeit von Gesenkschmiede-Stählen
*1956. 31 Seiten, 19 Abb. DM 9,90*

HEFT 285
*Prof. Dr.-Ing. Otto Kienzle, Dr.-Ing. Kurt Lange und Dipl.-Ing. Helmut Meinert, Institut für Werkzeugmaschinen und Umformtechnik der Technischen Hochschule Hannover*
Einfluß der Oberfläche auf das Verschleißverhalten von Schmiedegesenken
*1956. 50 Seiten, 29 Abb., 8 Tabellen. DM 14,60*

HEFT 286
*Dr.-Ing. Kurt Lange, Dipl.-Ing. Helmut Meinert, unter Mitarbeit von Dr.-Ing. Heinz Arend, Institut für Werkzeugmaschinen und Umformtechnik der Technischen Hochschule Hannover*
Verschleißverhalten hartverchromter Schmiedegesenke
*1956. 62 Seiten, 53 Abb., 6 Tabellen. DM 17,65*

HEFT 321
*Prof. Dr. phil. Franz Wever und*
*Dr. phil. Wolfgang Wepner, Max-Planck-Institut für Eisenforschung, Düsseldorf*
Gleichzeitige Bestimmung kleiner Kohlenstoff- und Stickstoffgehalte im $\alpha$-Eisen durch Dämpfungsmessung
*1956. 17 Seiten, 4 Abb., 3 Tabellen. DM 6,80*

HEFT 322
*Prof. Dr.-Ing. Franz Bollenrath und*
*Dipl.-Ing. Wilhelm Domke, Aachen*
Eigenspannungen in vergüteten, dickwandigen Stahlzylindern nach Oberflächenhärtung mit induktiver Erwärmung
*1956. 17 Seiten, 9 Abb., 2 Tabellen. DM 6,90*

HEFT 360
*Dr.-Ing. Eginhard Barz, Remscheid*
Fertigungsverfahren und Spannungsverlauf bei Kreissägeblättern für Holz
*1957. 68 Seiten, 40 Abb., DM 17,—*

HEFT 367
*Dr. rer. nat. Dietrich Horstmann, Max-Planck-Institut für Eisenforschung und Gemeinschaftsausschuß Verzinken, Düsseldorf*
Der Angriff eisengesättigter Zinkschmelzen auf kohlenstoff-, schwefel- und phosphorhaltiges Eisen
*1957. 42 Seiten, 22 Abb., 6 Tabellen. DM 12,85*

HEFT 375
*Technischer Überwachungs-Verein e. V., Essen*
Wanddickenmessungen mittels radioaktiver Strahlen und Zählrohrgerät
*1958. 24 Seiten, 15 Abb. DM 9,55*

HEFT 376
*Technischer Überwachungs-Verein e. V., Essen*
Wasserumlaufprobleme an Hochdruckkesseln
*1958. 126 Seiten, 56 Abb., 8 Tabellen. DM 32,60*

HEFT 377
*Technischer Überwachungs-Verein e. V., Essen*
Versuche an Wanderrostkesseln mit befeuchteter Verbrennungsluft
*1958. 35 Seiten, 19 Abb., 2 Tabellen. DM 12,20*

HEFT 395
*Dipl.-Ing. Ludwig Hahn, Clausthal-Zellerfeld*
Untersuchungen zur Frage des optimalen Bohrloch- und Patronendurchmessers
*1957. 119 Seiten, 49 Abb., 19 Tabellen. DM 31,25*

HEFT 445
*Dr. Ing. Eginhard Barz, Remscheid*
Fertigungs- und Prüfverfahren für Feilen
*Vergriffen*

HEFT 447
*Prof. Dr.-Ing. Franz Bollenrath, Aachen*
*Dr.-Ing. H. Füllenbach, Seesen und*
*Dipl.-Ing. J. Schumacher*
Entwicklung rationell arbeitender Spritzkabinen
*1958. 44 Seiten, 26 Abb. Vergriffen*

HEFT 473
*Prof. Dr. phil. Franz Wever, Dr.-Ing. Werner Lueg und Dipl.-Ing. Paul Funke jr., Max-Planck-Institut für Eisenforschung, Düsseldorf*
Versuche an einer hydraulischen 25-t-Stangenziehbank
*1957. 22 Seiten, 11 Abb. DM 8,95*

HEFT 557
*Dr.-Ing. Hans Schiffers, Dipl.-Ing. Dieter Ammann, Dipl.-Ing. Erich Brugger und Dipl.-Ing. Rudolf Dicke, Gießerei-Institut der Rhein.-Westf. Technischen Hochschule Aachen*
Härtbarkeit von Gußeisen mit Lamellen- und Kugelgraphit in Abhängigkeit von Zusammensetzung und Gefüge
*1958. 29 Seiten, 24 Abb., 1 Tabelle. DM 11,—*

HEFT 630
*Prof. Dr. phil. Walter Koch und Dr. techn. Dipl.-Ing. Hanns Malissa, Max-Planck-Institut für Eisenforschung, Düsseldorf*
Beiträge zur Spurenanalyse im Reinsteisen
*1958. 25 Seiten, 8 Tabellen. DM 7,60*

HEFT 639
*Prof. Dr.-Ing. habil. Karl Krekeler, Dr.-Ing. Heinz Peukert und Dipl.-Ing. Otto Schwarz, Institut für Kunststoffverarbeitung an der Rhein.-Westf. Technischen Hochschule Aachen*
Auswertung der in- und ausländischen Literatur auf dem Gebiete des Metallklebens
*1958. 152 Seiten. Vergriffen*

HEFT 655
*Dr. rer. pol. A. Theodor Wuppermann, Prof. Dr.-Ing. M. Pfender und Reg.-Rat Dipl.-Ing. E. Amedick, Im Auftrage des Vereins Deutscher Eisenhüttenleute, Düsseldorf*
Untersuchung des Einflusses von Oberflächenfehlern auf die Dauerhaltbarkeit von Kurbelwellen
*1958. 48 Seiten, 101 Abb., 4 Tabellen. DM 10,—*

HEFT 680
*Prof. Dr. phil. Walter Koch, Dr.-Ing. Angelika Schrader, Dr.-Ing. habil. Alfred Krisch und Dipl.-Phys. Helmut Rohde, Max-Planck-Institut für Eisenforschung, Düsseldorf*
Änderungen im Gefügeaufbau austenitischer Chrom-Nickel-Stähle bei Zeitstandversuchen von mehrjähriger Dauer
*1959. 37 Seiten, 23 Abb., 5 Tabellen. DM 12,20*

HEFT 681
*Prof. Dr.-Ing. Dr.-Ing. E. h. Hermann Schenk und Dr.-Ing. Werner Wenzel, Institut für Eisenhüttenwesen der Rhein.-Westf. Technischen Hochschule Aachen*
Die Reduktion von Eisenerzen im Elektro-Fließbett
*1959. 76 Seiten, 20 Abb., 12 Tabellen. DM 19,60*

HEFT 693
*Prof. Dr.-Ing. Otto Kienzle, Dr.-Ing. Friedrich Wilhelm Timmerbeil und Dr.-Ing. Thomas Jordan, Hannover*
Einige Untersuchungen über das Schneiden von Blechen
*1959. 55 Seiten, 54 Abb., 3 Tabellen. DM 17,40*

HEFT 702
*Prof. Dr. phil. Walter Koch und Dipl.-Phys. Dr. rer. nat. Hans Lüdering, Max-Planck-Institut für Eisenforschung, Düsseldorf*
Statistische Auswertung von Thomasroheisenproben guter und schlechter Verblasbarkeit
*1959. 20 Seiten, 3 Abb., 3 Tabellen. DM 6,50*

HEFT 703
*Prof. Dr. phil. Walter Koch und Dipl.-Phys. Dr. phil. Heinz Sundermann, Max-Planck-Institut für Eisenforschung, Düsseldorf*
Isolierungstechnische Untersuchungen an Thomasroheisen
*1959. 28 Seiten, 16 Abb., 1 Tabelle. DM 9,—*

HEFT 705
*Dr.-Ing. Karl Ernst Mayer, Dr.-Ing. Helmut Knüppel, Ing. Arthur Stumpf, Dortmund-Hörder-Hüttenunion AG., Dortmund, und Prof. Dr. phil. Walter Koch, Max-Planck-Institut für Eisenforschung, Düsseldorf*
Wege zur automatischen Überwachung des Thomasverfahrens
*1959. 56 Seiten, 20 Abb., 7 Tabellen. DM 14,80*

HEFT 714
*Prof. Dr.-Ing. Wilhelm Patterson, Gießerei-Institut der Rhein.-Westf. Technischen Hochschule Aachen*
Wirkung einer Gasspülung auf den Magnesiumverbrauch bei der Herstellung von Gußeisen mit Kugelgraphit
*1959. 44 Seiten, 35 Abb., 14 Tabellen. DM 13,40*

HEFT 728
*Dr.-Ing. Klaus Spies, Dortmund*
Die Zwischenformen beim Gesenkschmieden und ihre Herstellung durch Formwalzen
*1959. 113 Seiten, 61 Abb., 2 Tabellen. DM 29,60*

HEFT 740
*Dr. rer. nat. Dietrich Horstmann, Max-Planck-Institut für Eisenforschung und Gemeinschaftsausschuß Verzinken, Düsseldorf*
Einfluß einiger Eisen- und Zinkbegleiter auf Größe und Art des Zinkangriffs auf Eisen
*1959. 38 Seiten, 22 Abb., 1 Tabelle. DM 12,60*

HEFT 741
*Dipl.-Ing. Hans Stüdemann, Dipl.-Ing. Fritz Esselborn und Ing. Hermann Hartmann, Forschungsinstitut an der Fachschule für Metallgestaltung und Metalltechnik, Solingen*
Untersuchungen zur Prüfung der Korrosionsbeständigkeit rostbeständiger Besteckbleche aus Chromstahl
*1959. 31 Seiten, 30 Abb., 4 Tabellen. DM 10,30*

HEFT 742
*Dr.-Ing. Eginhard Barz, Verein zur Förderung von Forschungs- und Entwicklungsarbeiten in der Werkzeugindustrie e. V., Remscheid*
Schneideigenschaften von schneidenden Zangen und Prüfverfahren
*1959. 66 Seiten, 40 Abb., 4 Tabellen. DM 18,40*

HEFT 757
*Dr.-Ing. Angelika Schrader und
Dr.-Ing. habil. Alfred Krisch, Max-Planck-Institut für Eisenforschung, Düsseldorf*
Mikroskopische Beobachtungen von Ausscheidungen in austenitischen und ferritischen Stählen nach dem Kriechversuch
*1959. 21 Seiten, 22 Abb., 1 Tabelle. DM 8,60*

HEFT 780
*Prof. Dr. phil. Franz Wever, Dr.-Ing. Werner Lueg und Dr.-Ing. Paul Funke, Max-Planck-Institut für Eisenforschung, Düsseldorf*
Untersuchung von Walzölen und Walzölemulsionen im Kaltwalzversuch
*1959. 68 Seiten, 28 Abb., mehr. Tabellen. DM 18,50*

HEFT 781
*Verein zur Förderung von Forschungs- und Entwicklungsarbeiten in der Werkzeugindustrie e. V., Remscheid*
Verformungseinflüsse bei der Feilenherstellung
*1959. 65 Seiten, 39 Abb. DM 20,—*

HEFT 840
*Prof. Dr. phil. Franz Wever,
Dr.-Ing. Hans-Günter Müller und
Dr.-Ing. Paul Funke, Max-Planck-Institut für Eisenforschung, Düsseldorf*
Versuchsmäßige und rechnerische Bestimmung von Walzkraft und Drehmoment unter Einwirkung von Bandzugspannungen beim Kaltwalzen von Bandstahl
*1960. 36 Seiten, 12 Abb., 3 Tafeln. DM 10,90*

HEFT 841
*Dr. rer. nat. Hubert Blanck, Max-Planck-Institut für Eisenforschung, Düsseldorf*
Untersuchungen zur Kinetik des Martensitzerfalls
*1960. 33 Seiten, 11 Abb., kart. DM 10,30*

HEFT 848
*Dipl.-Ing. Hans-Jochen Stöter, Institut für Werkzeugmaschinen und Umformtechnik der Technischen Hochschule Hannover*
Untersuchung des Schmiedevorganges in Hammer und Presse, insbesondere hinsichtlich des Steigens
*1960. 133 Seiten, 62 Abb., 8 Tabellen. DM 35,60*

HEFT 889
*Dr.-Ing. Werner Hufschmidt, Lehrstuhl für Heizung und Lüftung an der Rhein.-Westf. Technischen Hochschule Aachen*
Die Eigenschaften von Rippenrohrluftkühlern im Arbeitsbereich der Klimaanlage
*1960. 125 Seiten, 37 Abb. DM 33,30*

HEFT 890
*Dr.-Ing. Heinz Meyer, Institut für Werkzeugmaschinen und Umformtechnik, Technische Hochschule Hannover*
Untersuchungen über den Umformvorgang in Waagerecht-Stauchmaschinen
*1960. 75 Seiten, 61 Abb., 3 Tabellen. DM 21,90*

HEFT 916
*Dipl.-Ing. Hans-Joachim Crasemann, Forschungsstelle Blechbearbeitung am Institut für Werkzeugmaschinen und Umformtechnik der Technischen Hochschule Hannover
Direktor: Prof. Dr.-Ing. Dr.-Ing. E. h. Otto Kienzle*
Der offene, kreuzende Scherschnitt an Blechen
*1960. 138 Seiten, 66 Abb., 10 Tabellen. DM 40,70*

HEFT 1000
*Dipl.-Ing. Hartmut Tolkien, Institut für Werkzeugmaschinen und Umformtechnik der Technischen Hochschule Hannover
Direktor: Prof. Dr.-Ing. Dr.-Ing. E. h. Otto Kienzle*
Schmierwirkungen in Schmiedegesenken
*1961. 150 Seiten, 75 Abb., 2 Tabellen, 1 Anhang. DM 44,90*

HEFT 1004
*Dr.-Ing. Eginhard Barz, Verein zur Förderung von Forschungs- und Entwicklungsarbeiten in der Werkzeugindustrie e. V., Remscheid*
Untersuchung von Schraubendrehern und Schraubenverbindungen
*1961. 68 Seiten, 26 Abb., 12 Tabellen. DM 22,30*

HEFT 1027
*Dr.-Ing. Eginhard Barz, Verein zur Förderung von Forschungs- und Entwicklungsarbeiten in der Werkzeugindustrie e. V., Remscheid*
Prüfung von Feilen
*1961. 57 Seiten, 23 Abb., 7 Tabellen. DM 20,50*

HEFT 1028
*Dr.-Ing. Siegfried Stendorf, Verein zur Förderung von Forschungs- und Entwicklungsarbeiten in der Werkzeugindustrie e. V., Remscheid*
Das Gleitstauchen von Schneidezähnen an Sägen für Holz
*1961. 138 Seiten, 85 Abb., 9 Tabellen. DM 47,10*

HEFT 1056
*Dr.-Ing. Oskar Pawelski und Dr.-Ing. Werner Lueg †, Max-Planck-Institut für Eisenforschung, Düsseldorf*
Der Spannungszustand beim Ziehen und Einstoßen von runden Stangen
*1962. 106 Seiten, 35 Abb., 10 Tabellen. DM 33,60*

HEFT 1089
*Direktor Dipl.-Ing. Hans Stüdemann und
Dr.-Ing. Fritz Esselborn, Forschungsinstitut an der Fachschule für Metallgestaltung und Metalltechnik, Solingen*
Untersuchungen über den Einfluß der Zusammensetzung und Gefügeausbildung auf das Härtungsverhalten des Stahles X 40 Cr 13
*1962. 37 Seiten, 37 Abb., 8 Tabellen. DM 17,—*

HEFT 1091
*Dipl.-Ing. Kurt Buchmann, Forschungsgesellschaft Blechverarbeitung e. V., Düsseldorf*
Beitrag zur Verschleißbeurteilung beim Schneiden von Stahlfeinblechen
*1962. 126 Seiten, 77 Abb. DM 71,40*

**HEFT 1129**
*Prof. Dr.-Ing. Joseph Mathieu, Forschungsinstitut für Rationalisierung an der Rhein.-Westf. Technischen Hochschule, Aachen, im Auftrage des Fachverbandes Gesenkschmieden im Wirtschaftsverband Stahlverformung, Hagen*
Richtwerte für eine Platzkostenrechnung in der Gesenkschmiedeindustrie
*1963. 54 Seiten, 7 Tabellen, 52 Seiten tabellarischer Anhang. DM 63,30*

**HEFT 1140**
*Direktor Dipl.-Ing. Hans Stüdemann und Dipl.-Ing. Fritz Esselborn, Forschungsinstitut an der Fachschule für Metallgestaltung und Metalltechnik, Solingen*
Einflüsse der Prüfbedingungen auf die Ergebnisse von Schneideigenschaftsprüfungen an Messern
*1962. 33 Seiten, 24 Abb. DM 14,80*

**HEFT 1162**
*Prof. Dr.-Ing. Dr.-Ing. E. h. Otto Kienzle und Dipl.-Ing. Manfred Meyer, im Auftrage der Forschungsgesellschaft Blechverarbeitung e.V., Düsseldorf*
Verfahren zur Erzielung glatter Schnittflächen beim vollkantigen Schneiden von Blech
*1963. 114 Seiten, 71 Abb., 6 Tabellen. DM 60,40*

**HEFT 1164**
*Dr.-Ing. Eginhard Barz u. a., Verein zur Förderung von Forschungs- und Entwicklungsarbeiten in der Werkzeugindustrie e.V., Remscheid*
Teil I: Arbeitsverhalten von scheibenförmigen Werkzeugen
Teil II: Schnittversuche von verleimten Holzwerkzeugen
*1963. 90 Seiten, 16 Abb., 6 Tabellen. DM 44,80*

**HEFT 1171**
*Prof. Dr.-Ing., Dr.-Ing E. h. Otto Kienzle und Dipl.-Ing. Kurt Haverbeck, Hannover, im Auftrage der Forschungsgesellschaft Blechverarbeitung e.V., Düsseldorf*
Das Herstellen von Außenborden an Blechteilen zwischen Stempel und Ring
*1963. 96 Seiten, 58 Abb. DM 54,50*

**HEFT 1347**
*Dr. rer. nat. Dietrich Horstmann, Max-Planck-Institut für Eisenforschung und Gemeinschaftsausschuß Verzinken, Düsseldorf*
Allgemeine Gesetzmäßigkeiten des Einflusses von Eisenbegleitern auf die Vorgänge beim Feuerverzinken

**HEFT 1348**
*Prof. Dr.-Ing. Dr. h. c. Herwart Opitz, Dr.-Ing. Wilfried König und Dipl.-Ing. D. Neumann Laboratorium für Werkzeugmaschinen und Betriebslehre der Rhein.-Westf. Technischen Hochschule Aachen*
Einfluß verschiedener Schmelzen auf die Zerspanbarkeit von Gesenkschmiedestücken
*In Vorbereitung*

**HEFT 1349**
*Dr.-Ing. Tin Ming Wu, Forschungsstelle Gesenkschmieden an der Technischen Hochschule Hannover*
Untersuchungen über das Auftragsschweißen von Gesenken für Schmiedestücke aus Stahl
*In Vorbereitung*

**HEFT 1350**
*Prof. Dr. phil. Karl Löhberg, Dipl.-Ing. Klaus Röhrig und Dr.-Ing. Peter Sahm, Institut für Gießereikunde der Technischen Universität, Berlin*
Über die Keimbildung in unlegiertem Kupfer und unlegiertem Eisen
*In Vorbereitung*

**HEFT 1352**
*Direktor Dipl.-Ing. Hans Stüdemann und Dr.-Ing. Fritz Esselborn, Forschungsinstitut an der Fachschule für Metallgestaltung und Metalltechnik, Solingen*
Die Ergebnisse von Schneideigenschaftsprüfungen an Messern unter Berücksichtigung des Einflusses der geometrischen Form des Messers und des Einflusses der Karbidverteilung und -größe im Werkstoff
*In Vorbereitung*

**HEFT 1353**
*Direktor Dipl.-Ing. Hans Stüdemann und Dr.-Ing. Fritz Esselborn, Forschungsinstitut an der Fachschule für Metallgestaltung und Metalltechnik, Solingen*
Untersuchungen über den Einfluß unterschiedlicher Herstellungsverfahren auf die Qualität rostbeständiger Messer

**HEFT 1354**
*Direktor Dipl.-Ing. Hans Stüdemann und Dr.-Ing. Fritz Esselborn, Forschungsinstitut an der Fachschule für Metallgestaltung und Metalltechnik, Solingen*
Untersuchungen über den Einfluß der Wärmebehandlung in Zusammenhang mit unterschiedlicher Herstellung auf die Eigenschaften von rostbeständigen Messern

**HEFT 1355**
*Dr.-Ing. habil. Alfred Krisch, Max-Planck-Institut für Eisenforschung, Düsseldorf*
Kriechverhalten, Gefügeänderungen und Risse bei mehrjährigen Zeitstandversuchen

HEFT 1381
Dr.-Ing. Heinz Meyer-Nolkemper, Forschungsstelle Gesenkschmieden an der Technischen Hochschule Hannover
Im Auftrag des Fachverbandes Gesenkschmieden im Wirtschaftsverband Stahlverformung, Hagen
Dornen in Waagerecht-Stauchmaschinen
*In Vorbereitung*

HEFT 1413
Dr. rer. nat. Dietrich Horstmann und Dipl.-Ing. Ulrich Krause, Max-Planck-Institut für Eisenforschung und Gemeinschaftsausschuß Verzinken, Düsseldorf
Einfluß von Oberflächenrauhheit und Glühbehandlung auf die Güte verzinkter Bleche
*In Vorbereitung*

HEFT 1421
Dr.-Ing. H. Füllenbach, H. Lange, H. Parthey und I. N. Stanski, Forschungsgesellschaft Blechverarbeitung e. V., Düsseldorf
Metallurgische und technologische Untersuchungen an Weichloten
*In Vorbereitung*

Verzeichnisse der Forschungsberichte aus folgenden Gebieten können beim Verlag angefordert werden:
Acetylen/Schweißtechnik – Arbeitswissenschaft – Bau/Steine/Erden – Bergbau – Biologie – Chemie – Eisenverarbeitende Industrie – Elektrotechnik/Optik – Energiewirtschaft – Fahrzeugbau/Gasmotoren – Farbe/Papier/Photographie – Fertigung – Funktechnik/Astronomie – Gaswirtschaft – Holzbearbeitung – Hüttenwesen/Werkstoffkunde – Kunststoffe – Luftfahrt/Flugwissenschaften – Luftreinhaltung – Maschinenbau – Mathematik – Medizin/Pharmakologie/NE-Metalle – Physik – Rationalisierung – Schall/Ultraschall – Schiffahrt – Textiltechnik/Faserforschung/Wäschereiforschung – Turbinen – Verkehr – Wirtschaftswissenschaft

WESTDEUTSCHER VERLAG · KÖLN UND OPLADEN
567 Opladen/Rhld., Ophovener Straße 1–3

MIX
Papier aus verantwortungsvollen Quellen
Paper from responsible sources
FSC® C105338

If you have any concerns about our products,
you can contact us on
**ProductSafety@springernature.com**

In case Publisher is established outside the EU,
the EU authorized representative is:
**Springer Nature Customer Service Center GmbH
Europaplatz 3, 69115 Heidelberg, Germany**

Printed by Libri Plureos GmbH
in Hamburg, Germany